KB077363

내 아이만큼은

나와 다른 삶을 살기를

바란다

내 아이만큼은 나와 다른 삶을 살기를 바란다

초판 1쇄 2022년 08월 12일
지은이 주하영 | **펴낸이** 송영화 | **펴낸곳** 굿위즈덤 | **총괄** 임종익
등록 제 2020-000123호 | **주소** 서울시 마포구 양화로 133 서교타워 711호
전화 02) 322-7803 | **팩스** 02) 6007-1845 | **이메일** gwbooks@hanmail.net

ISBN 979-11-92259-42-0 03590 | 값 15,000원

※ **굿위즈덤**은 당신의 상상이 현실이 되도록 돕습니다.

이 시대가 원하는 아이로 키우는 미래 교육 지침서

내 아이만큼은 **나와 다른 삶을 살기를** 바란다

주하영 지음

굿위즈덤

프롤로그

주변 지인들에게 책을 쓰겠다고 말했을 때, 그들은 내가 영어 관련 책을 쓸 거라 기대했다. 그럴 만도 한 것이 나는 한국에서 영어를 독학으로 정복했고, 그 노하우로 20년간 영어교육을 했기 때문이다. 하지만 나는 그들의 예상을 뒤엎고 '엄마와 아이'에 관한 책을 썼다.

44세의 나에게는 아이가 없다. 그래서 내게 온 아이들을 나는 그냥 학생으로 대하지 않았다. 그 아이들은 내게 딸, 아들 그리고 조카 같은 존재였다. 이런 마음이 전달되었는지 아이들은 졸업 후에도 나를 찾아온다.

아이들은 내게 영어를 배우러 오지만, 내가 주고 싶은 것은 늘 그 이상이었다. 나는 아이들이 나와 같은 실수를 하지 않고, 지혜롭게 살기 바랐다. 그래서 아이들과 학부모를 대상으로 다양한 간담회를 자주 열었다. 그리고 학부모와의 1:1 상담도 주제를 영어에 한정하지 않고 더 깊게 진행했다. 학부모들은 내게 여러 가지 고민을 털어놓았고, 나는 자연스레 조언자의 역할을 맡게 되었다.

그러던 어느 날 나는 곰곰이 생각해봤다. 첫 직장에 들어갈 때 한 번 큰 힘을 발휘하는 '대학 간판'에는 민감하게 반응하면서, 삶의 방향을 좌우하는 아이의 '꿈'에는 왜 다들 시큰둥할까? 아무리 국어, 수학, 영어 성적이 좋아도 '문해력'이 없으면 사회생활에 어려움을 겪는데, 성적에는 민감하면서 아이들이 책을 안 읽는 것에 대해서는 왜 그렇게 너그러울까? 부모가 옳다고 생각하는 정보는 개인의 경험 또는 지인들의 이야기를 종합한 정보라서 틀릴 수도 있는데, 왜 확신할까? 부모보다 더 멋진 삶을 살기 위해 아이들에게 필요한 것은 세상을 바라보는 새로운 관점인데, 관점을 확장하는 방법에 대해서는 왜 궁금해하지 않을까? 이렇게 생각은 꼬리에 꼬리를 물고 계속 확장되었다. 그리고 내 안에서 작은 목소리가 들려왔다. "알려주고 싶다!!" 나는 그렇게 내면의 목소리에 따라, 이 책을 쓰기로 결심했다.

사람이 지구별에 보내진 것은 저마다의 쓰임이 있어서라고 생각한다.

그 쓰임이 무엇인지 찾아가는 과정이 나다움을 찾아가는 여정, 즉 꿈이다. 승무원이 되려는 마음으로 영어를 공부했지만, 영어는 나를 다른 방향으로 이끌었다. 그리고 그 길에서 나는 수많은 아이와 학부모를 만났다. 아이도 없는 내가 누구보다 아이들을 잘 아는 사람이 된 것은 우연이 아니라고 생각한다.

아이들을 가르치기 전에 내게는 꿈이 없었다. 그저 지긋지긋한 가난에서 벗어나고 싶었을 뿐이다. 하지만, 아이들을 가르치면서 내 생각과 말이 아이들에게 엄청난 영향을 준다는 것을 깨달았다. 그래서 더 좋은 사람이 되고 싶었고, 그러기 위해 노력했다.

어디부터 어디까지가 선한 일인지 나는 모른다. 하지만, 누군가 덜 틀리는 삶, 조금 더 의미 있는 삶을 살 수 있도록 돕는 것 그것은 선한 일이라 믿는다. 나는 그저 아이들이 그리고 부모들이 조금 덜 틀리는 선택을 할 수 있도록 돕고 싶다. 그리고 그것이 선한 일이라면 감사한 마음으로 그 길을 가고 싶다. 이런 나의 마음을 담아 한국의 엄마들에게 이 책을 바친다.

마지막으로 내가 지금의 모습으로 살 수 있도록 함께 해준 사진작가 박유정(엄마), 주식 천재 주정관(아빠), 책 쓰는 원장 주은숙(큰언니), 오토바이 타는 원장 주현서(작은언니), PCM 연구소 개미 멘토 아이스강(내 영혼의 반쪽) 모두에게 사랑의 마음을 전한다.

그리고 내가 책을 써서 새로운 삶에 도전할 수 있도록 이끌어주신 나의 스승 〈한국책쓰기강사양성협회〉의 김태광 대표님, 권동희 대표님, 윤선생영어교실 천안서부센터의 김은령 사장님께도 감사의 마음을 진심으로 전하고 싶다.

2022년 어느 뜨거운 여름 날, 주하영

목차

2장 내 아이만큼은 나와 다르게 살기를 바란다

3장 금융 IQ는 부모가 줄 수 있는 가장 큰 선물이다

4장 혼자 생각하는 힘을 가진 아이로 키워라

5장 큰 뜻을 품은 아이로 키워라

1장

나는 아이에게 무엇을 물려줄 것인가?

01

나는 아이에게 무엇을 물려줄 것인가?

세상에서 가장 소중한 사람이 누군지 묻는다면 부모 대다수는 자신의 아이라고 대답할 것이다. 처음부터 이런 마음을 갖고 부모가 되는 사람은 없지만, 일단 부모가 되면 모두 이런 마음을 갖는다. 소중한 존재에게 가장 좋은 것을 주고, 자신보다 더 행복한 삶을 살도록 해주고 싶은 마음은 지극히 당연하다. 그래서인지 많은 부모는 자신보다 아이를 삶의 중심에 두고 살아간다.

하지만 여기에서 우리가 생각해봐야 할 것이 있다. 과연 우리는 정말 내 삶의 중심에 아이를 두고 살아가는 걸까? 혹시 아이 삶의 중심에 나를 두고 살아가는 것은 아닐까? 아이는 태어나는 순간 오로지 부모에게 의존할 수밖에 없다. 원하든 원하지 않든 부모의 영향권 아래에 놓이게 된다. 이걸 모르는 사람은 아무도 없을 것이다. 하지만 우리가 놓치고 있는 것이 있다. 내가 부모가 되는 순간 나는 아이에게 무언가를 반드시 물려준다는 것이다. 그것은 물질이 될 수도 있고, 정신이 될 수도 있다. 이런 사실을 놓치고 있는 부모들은 아이가 어떻게 살기를 바랄 뿐 자신이 아이에게 어떤 삶을 물려줄지 생각하지 못한다. 왜 우리는 이 중요한 메시지를 놓치고 있는 걸까?

나는 20년째 영어를 가르치고 있는 영어 학원장이다. 현장에서 수천 명의 학부모와 아이들을 만났고, 그들의 삶을 관찰했다. 강사 시절엔 영어를 가르치는 것만으로도 벅찼다. 하지만 학원을 운명하면서 자연스레 학부모, 학생들과 속 깊은 대화를 나눌 기회들이 많았다. 그리고 이러한 소통 속에서 깨닫게 된 것이 있다. '아이는 부모의 거울이다.' 이 말을 모르는 사람은 없지만, 과연 우리는 이 말의 진짜 의미를 알고 있을까? 나의 학원에 신입생이 오면 상담 전에 내가 반드시 하는 것이 있다. 바로 아이에 대한 사전 설문 조사다. 아이의 학습 이력을 알면 지도하는 데 도움이 되기 때문이기도 하지만, 사실 나의 목적은 따로 있다. 아이와 학부모의 성향을 알기 위해서다. 내가 빼놓지 않고 묻는 것 중 하나는 아이의 장단점과 특이점이다. 그리고 왜 그렇게 생각하는지 그 이유와 사례도 꼭 물어본다.

겉보기에 이 질문은 모두 아이에 대한 것이지만 그 질문에 대한 답을 통해 나는 학부모의 성향도 함께 파악한다. 그리고 학부모의 성향을 알게 되면 역으로 아이의 성향도 보인다. 상담하는 그 자리에서 바로 보이는 경우도 있지만, 대부분은 시간 속에서 드러난다. 그래서 나는 부모가 제공한 정보들을 참고만 할 뿐 바로 믿지는 않는다. 왜냐하면, 부모들은 대부분 자신의 아이를 너무 과대평가하거나 과소평가하기 때문이다. 그리고 평가 기준 또한 너무나 주관적이기 때문이다. 가장 기억에 남는 한 친구가 있다. 태권도를 아주 좋아하는 상남자 스타일의 5학년 남자아이였다. 언뜻 보기엔 공부에 취미가 없는 친구로 보였다. 어머니도 그냥 평범한 아이라며 아이의 학습 성과에 큰 기대를 보이지 않으셨다. 나는 어머니가 주신 정보를 바탕으로 아이를 관찰했고, 역시나 그 정보는 아이를 과소평가한 정보였다. 아이는 언어 감각, 집중력 등 많은 장점을 보여주었기 때문이다. 나는 어머니와 소통할 때 그 부분에 대해 자주 말씀드렸다. 그럴 때면 어머니는 내가 아이를 너무 좋게 봐준다고 겸손하게 대답하셨다.

하지만 이 아이는 분명 잠재력이 있는 아이로 보였다. 그래서 외고를 준비해보자고 말씀드리니 본인은 잘 모르겠으니 그냥 아이에게 맡기겠다고 말씀하셨다. 그 아이와 나는 외고를 목표로 그날부터 학습량을 늘렸다. 그렇게 열심히 준비한 결과 그 친구는 외고에 합격했고, 외교관이라는 꿈에 맞춰 전공을 정했다. 그러곤 원하는 대학에 입학했다.

이 아이가 단지 운이 좋아서 원하는 대로 풀린 걸까? 아니다! 이 아이의 성공에는 어머니가 물려주신 기질과 습관의 뒷받침이 있었다. 어머니는 부동산 중개사 시험 준비를 위해 아침부터 밤늦게까지 도서관에서 공부하셨고, 그 습관을 아이에게 물려주셨다. 그리고 하나의 주제를 가지고 온 식구가 토론하는 문화를 만들어 아이가 스스로 생각을 정리하고 표현하도록 습관을 들여주셨다. 그리고 무엇보다 스스로 선택하고 그에 대한 책임을 질 수 있도록 아이를 믿어주셨다.

그 아이가 지닌 집중력, 인내하는 힘, 스스로 생각하고 답을 찾는 힘은 하늘에서 뚝 떨어진 것이 아니다. 그것은 어머니가 아이에게 물려준 자산이다. 어머니 자신이 그것을 인지하지 못했을 뿐이다. 이렇듯 아이들은 알게 모르게 많은 것들을 부모에게서 물려받는다. 역으로 생각하면 부모는 원하든 그렇지 않든, 아이들에게 많은 것들을 물려준다. 그 때문에 우리는 반드시 생각해봐야 한다. '나는 아이에게 무엇을 물려줄 것인가?'라는 것을.

누군가 우리에게 이 질문을 던지면 처음엔 매우 당황스러울 것이다. 생각해보지 않아서 그럴 수도 있고, 물려줄 것이 딱히 없다고 생각해서 그럴 수도 있다. 만약 당신이 '나는 아이에게 물려줄 것이 없다.'라고 생각한다면 제발 그 생각을 버리라고 말하고 싶다. 우리는 400만 년에 걸쳐 진화한 유전자에 의해 만들어진 멋진 존재다. 그리고 3억분의 1의 경쟁률을 뚫고 이 세상에 태어났다. 이런 기적 같은 존재인 우리가 물려줄 것이 없다는 것은 인류에 대한 모욕이다. 나보다 아이큐가 100배 좋은 사람도 없고, 나보다 100배 예쁜 사람도 없다. 그러니 그런 비관적인 생각은 당장 멈추길 바란다.

한 친구가 내게 묻는다고 가정해보자. '내 장점이 뭐야?', '나는 어떤 사람이야?' 이들 질문에 대해 우리는 분명 성심성의껏 대답해줄 것이다. '너는 경청을 잘해.', '너는 배려심이 있어.', '너는 추진력이 좋아.', '너는 노력형이야.', '너는 말을 잘해.', '너는 손재주가 좋아.', '너는 마음이 따뜻해….' 정말 이상한 사람이 아닌 이상 우리는 그 사람에 대한 칭찬의 말을 늘어놓을 것이다.

이것이 바로 우리가 자신에게 해줘야 할 말들이다. 나의 타고난 기질과 성향이 모두 내 마음에 들지는 않는다. 게다가 장점의 기질이 단점의 기질과 연결되기도 한다. 예를 들어, 나는 추진력이 좋아서 성격이 급하고, 꼼꼼한 성격이어서 가끔 큰 그림을 놓친다. 하지만 성격이 급한 것이 싫어서 일을 늦추면 기회를 놓치게 되고 큰 그림을 놓치는 것이 싫어서 디테일을 포기하면, 더 많은 실수를 하게 된다. 이렇듯 나에게는 집중해야 할 강점과 감수해야 할 약점이 늘 공존한다. 그러니 약점을 들춰 겁먹기보다 내가 가진 강점들에 집중하고 가꾸고 다듬자. 그 과정에서 내 아이에게 물려줄 수 있는 자산들이 쌓이게 된다.

나에게는 2명의 조카가 있다. 작은언니와 형부의 작품들이다. 한 배 속에서 태어났다고 보기 어려울 정도로 외모도 성격도 다른 아이들이지만, 언니와 형부를 보면 그 아이들이 왜 그런 외모와 성격을 가졌는지 충분히 이해된다. 큰아이에게서는 언니의 외모와 성격, 작은아이에게서는 형부의 외모와 성격이 좀 더 많이 보인다. 이런 게 바로 유전자의 힘이 아닐까 싶다.

두 아이에게는 각자의 강점과 약점도 있는데, 작은언니는 자신의 약점이 아이들에게서 보일 때 좀 더 감정적으로 된다고 말한다. 즉, 내가 인정하고 싶지 않거나 숨기고 싶은 면이 아이에게서 보일 때 좀 더 감정적으로 반응하게 된다는 것이다. 처음엔 자신이 왜 그렇게 감정적으로 대응하는지도 인지하지 못하지만, 우리는 시간 속에서 알게 된다. 문제는 바로 여기에 있다. 부모는 결국 자신이 왜 감정적으로 반응하는지 깨달을 수 있지만, 당하는 아이는 그 이유를 모른다. 그 때문에 아이는 더 움츠러들고 긴장하게 된다. 같은 실수를 하지 않기 위해 더 적게 시도하게 된다. 아이의 성향은 부모에게서 물려받은 것이고, 성향은 성격과는 달리 바뀌기가 어렵다. 물론 피나는 노력으로 바꿀 수도 있지만, 그에 따른 부작용은 반드시 있다.

그런데 그런 부작용을 감당하면서까지 바꿀 만큼 나쁜 성향이라는 게 있을까? 그 성향을 원해서 물려받은 것도 아닌데, 그 성향 때문에 부모로부터 지속적인 질책을 받는 것이 과연 타당할까? 반드시 고쳐줘야겠다면 말릴 방법은 없다. 하지만 거기에 쏟을 에너지를 아이의 강점을 키우는 데 쏟는다면 더 멋진 결과가 있지 않을까? 부모는 아이에게 무엇을 물려줄 것인지도 생각해야 하지만 의도치 않게 물려준 것들에 대해서도 생각해야 한다. 우리가 부모에게서 물려받고 싶은 것들을 선택한 것이 아니듯 우리의 아이들 또한 그렇다. 하지만 많은 부모가 이것을 인지하지 못해 많은 갈등을 겪는다.

나는 20년간 학부모들과 소통하면서 저마다의 고민을 들었다. 흥미로운 것은 20년 전의 학부모들이 했던 고민과 20년 후의 학부모들이 하는 고민이 같다는 것이다. 그리고 그 고민의 중심에는 아이들의 성향이 있다. 바뀌지 않는 성향을 인정하고 싶지 않은 부모에게는 매일이 전쟁이다. 너무나 안타까운 것은 그 전쟁에서 승자는 아무도 없다는 것이다. 승자도 없는 그 전쟁을 치르느라 관계는 점점 더 망가진다. 아이와 부모 모두에게 남는 건 상처뿐이다. 그러니 이젠 그 전쟁을 멈추고 아이에게 무엇을 물려줄지 고민해보자.

부모들과 아이들의 전쟁이 종결되길 희망하며 신학자 '라인홀트 니버'의 〈평온을 비는 기도문〉을 공유하고 싶다.

God, give us grace to accept with serenity the things that cannot be changed, courage to change the things that should be changed, and the wisdom to distinguish the one from the other.

주여, 우리에게 우리가 바꿀 수 없는 것을 평온하게 받아들이는 은혜와 바꿔야 할 것을 바꿀 수 있는 용기, 그리고 이 둘을 분별하는 지혜를 허락하소서.

부디 지혜의 눈으로 바꿀 수 있는 것들에 집중하는 삶을 살기 바란다.

02

나는 왜 이렇게 엄마 노릇이 힘들까?

한 여자가 운명 같은 남자를 만났다. 이 남자는 그동안 만났던 사람들과 확실히 다르다는 느낌이 들었다. 그렇게 그녀는 한 남자의 아내가 된다. 결혼 후 몇 달간 그녀는 신혼의 재미에 푹 빠져 지낸다. 서로를 알아가는 과정에 크고 작은 다툼은 있었지만, 맞춰가는 과정이라 생각해 후회는 없다. 그녀는 행복하다. 친구들도 하나둘 운명의 상대를 만나 결혼한다. 그리고 곧이어 임신과 출산의 소식을 전해 온다. 그녀는 생각한다. '나도 이제 엄마가 되어야 하나? 신혼의 달콤함도 충분히 누렸고, 양가 어른들도 바라시니 나도 진지하게 임신을 생각해봐야겠다.' 그녀는 고민 끝에 남편과 상의하고 아이를 갖겠다고 결심한다. 새로운 도전이기에 두렵기도 하지만, 엄마가 된다는 설렘도 있다. 요즘엔 책과 유튜브에 육아 관련 정보가 넘쳐나니 해낼 수 있다고 스스로를 다독인다. 베이비 페어나 육아 교육전에 열심히 참여해 아기 물품도 준비한다. 태교도 놓칠 수 없으니 임산부 요가와 태교 음악, 독서도 틈틈이 한다. 처음엔 그냥 아기를 낳는 거로만 생각했다. 그런데 임신과 동시에 '임산부 만삭 프로필, 산후조리원 예약, 아기 보험' 등 '투 두 리스트'는 점점 늘어났다. 호르몬의 영향으로 몸 컨디션은 하루에도 몇 번씩 뒤집힌다. 설상가상 입덧까지 와서 약을 안 먹고는 버티기도 힘들다. 이렇게 긴 여정을 마치고 드디어 그녀는 엄마가 된다.

이런 과정을 거치면서 우리는 엄마가 되는 준비를 마쳤다고 생각한다. 하지만 이것은 세상이 정해놓은 공식 같은 준비일 뿐 진짜 준비는 아니다. 엄밀히 말하면 세상 누구도 준비가 된 채 엄마가 되는 사람은 없다. 생물학적으로 아이를 낳으니 엄마가 되어버렸다는 표현이 더 맞는다. 하지만 이 사실을 모른 채 많은 여성이 엄마가 된다. 그 때문에 엄마의 역할을 해내는 기간 내내 괴롭다. 기간이라도 한정적이면 좀 나으련만 엄마 역할의 기간은 평생이다. 게다가 아이가 자라면서 엄마의 역할은 계속 추가된다. 아기일 땐 건강에 문제가 없도록 잘 먹이고 돌보기만 하면 된다. 하지만 말을 하기 시작하니 대화 상대도 되어 줘야 하고 책도 읽어 줘야 한다. 내가 잘하고 있는지 확인하고 싶은 마음에 맘카페에도 가입

한다. 카페 안에 수많은 정보가 있지만, 누구 말이 맞는지도 모르겠다. 다른 사람들만큼 잘해내지 못한다는 생각에 자책감마저 커져 간다. 불안감을 없애기 위해 엄마는 학습지를 신청하고, 전집을 구매하고, 학원을 알아본다. 학원을 알아보려니 주변 엄마들의 리뷰가 필요하다. 그래서 나보다 사교육 시장에 먼저 뛰어든 엄마의 말을 절대적으로 신뢰하게 된다. 이렇게 우리는 앞집 엄마, 옆집 엄마의 정보력에 내 아이를 맡기게 된다.

물론 선경험이 많은 사람의 조언은 어느 정도 도움이 된다. 문제는 그 조언이 내 아이를 위한 맞춤형이 될 수 없다는 것이다. 아무리 예쁜 구두라도 내 발에 맞지 않으면 결국 발가락에 물집을 남긴 후 버려진다. 마찬가지로 아무리 고급 정보라도 내 아이에게 맞지 않으면 그저 쓰레기일 뿐이다.

지금으로부터 12년 전 나는 꽤 높은 몸값의 개인 과외 선생님이었다. 다른 선생님들 수업료의 2배를 받았다. 내가 가르치는 학생들의 부모님 직업군은 주로 의사, 사업가였다. 그중 가장 기억에 남는 형제가 있다. 나는 한 학부모님의 소개로 레벨 테스트를 진행하러 한 집을 방문했고, 그 집 어머니와 꽤 오랜 시간 상담한 후 아이들의 방으로 향했다. 그런데 너무 놀라운 일이 벌어졌다. 방에서 나를 기다리고 있던 아이들은 내가 얼마 전까지 어학원에서 담임을 맡았던 아이들이었다. 나는 개인 과외로 방향을 정해 강사직을 그만뒀지만, 그 아이들은 분명 어학원에 남아 있었다. 그사이 학원을 그만두었다고 생각하고 어머니께 여쭤보니 여전히 그 학원에 다니고 있다고 말씀하셨다. 3, 4학년 초등생이 학원과 과외를 동시에 받는다는 게 나로서는 이해가 안 되었다. 나는 잠시 아이들 방에서 나와 어머니께 자초지종을 물었다. 어머니께서는 아이들이 어학원에서 배우는 것만으로 충분하지 않다는 얘기를 들었다고 하셨다. 그래서 불안한 마음에 내게 연락하신 거였다. 더 충격적인 것은 원어민의 스피킹 과외도 추가할 예정이라는 거였다. 그러곤 방학마다 캐나다로 단기 연수를 보낼 계획이라고 야심 차게 말씀하셨다. 나는 순간 머리를 한 대 얻어맞은 것 같았다. 어머니 말씀을 한참 듣던 나는 더 이상 참지 못하고 물었다. "어머니! 아이들의 영어에 대해 조언해주신 그분의 자녀는 지금 어떤 성과를 이뤘나요?"라고. 그러자 어머니는 "그 아이는 영어를 매우 잘할 뿐더러 국제중을 준비하고 있어요."라고 강조하시는 거였다. 나는 "그럼 어머니도 두 아이 모두 국제중에 보내실 건가요?"라고 물었다. 그랬더니 어머니는 "아뇨! 남편이 아이들과 떨어져 지내는 걸 반대해서 그러지는 않을 거 같아요." 하는 것이었다. 나는 "국제중에 보낼 것이 아니라면서 왜 국제중 준비를 하는 어머니의 말을 들으시는 거죠?"라고 힘주어 물었다. 나로서는 도무지 이해가 되지 않는 상황이었기 때문이다. 나는 계속 어머니에게 질문했고, 결국 어머니의 숨겨진 속내를 듣게 되었다. 지방 대학을 졸업하고 작은 회사에 다니던 어머니는 의사인 아버님을 만났다. 시부모님의 반대를 무릅쓰고 한 결혼이기 때문에 어머니는 늘 불안했다. 아이들이 공부를 잘하지 못하면 그 모든 화살이 자신에게 돌아올 것을 알았기 때문이다. 그래서 아버님의 만류에도 공부를 잘하는 아이의 엄마들과 소통했다는 것이다.

이야기를 들어보니 어머니의 상황도 이해는 되었다. 하지만 엄마의 욕심 때문에 아이들이 희생당하는 것은 옳지 않다 생각되었다. 그래서 그날 나는 아이들 상담이 아닌 어머니 상담을 해드렸다. 어머니는 아무에게도 말하지 못했던, 그간의 힘들었던 마음을 털어놓으며 펑펑 우셨다. 그러곤 진심 어린 나의 조언을 받아들이셨다. 그렇게 나는 그 아이들과 3년간 함께했다. 그리고 아이들은 중학생이 되었을 때 어머니와 함께 캐나다로 유학을 떠났다. 우리에겐 왜 엄마 노릇이 힘들까? 준비된 채 엄마가 되는 사람은 없기 때문이다. 압박감 때문에 육아 관련 책을 읽고, 강의를 듣지만, 이론과 현실의 벽은 너무나 높다. 아무리 좋은 내용이라도 내가 현실에서 행할 수 없다면 말 그대로 이론일 뿐이다. 게다가 육아서의 이론들은 선진국에서 도입해온 것들이 많다. 그러다 보니 문화적으로 맞지 않는 부분 또한 많다. 그뿐인가? 육아도 시대의 흐름에 따라 대가족의 장점인 조부모 공동육아에서 독박 육아로 바뀌었다. 그래서 엄마들은 늘 혼란스럽다. 혹여나 조부모님이 육아에 대해 조언해주려 해도 구시대적 발상이라며 거부하기도 한다. 그러니 불안한 마음에 주변 엄마들의 정보를 거르지 않고 받아들이게 된다. 하지만 이는 내 아이의 미래를 그들의 정보에 내맡기는 형국이다. 사교육 시장 또한 엄마들의 불안감을 부추기는 데 큰 몫을 하고 있다. 경쟁 사회에서 내 아이가 뒤처지면 안 된다는 압박감에 엄마는 부지런히 학원 쇼핑을 다닌다. 그러곤 학교 일과에 지친 아이를 학원으로 빵빵이 돌린다. 그러다 가끔 아이가 짠하단 생각이 들면 '학원 하루 면제권'을 부여한다. 하지만 그 짠한 마음도 그리 길게 가지는 못한다. 종일 휴대전화를 만지작거리고, 컴퓨터 게임에 열중하는 아이들을 따뜻한 시선으로 바라보기란 어렵기 때문이다. 그렇게 참고 또 참았던 엄마의 마음은 사소한 일에서 폭발한다. 분명 시작은 엄마로서 잘해보고 싶은 마음이었을 것이다. 잘 모른 채 시작했으니 배워야 했고, 타인의 말을 들어야 했다. 그리고 배운 대로, 들은 대로 내 아이에게 적용해봐야 했다. 하지만 우리가 간과한 것이 하나 있다. '그들이' 내 아이의 엄마가 아니라 '내'가 내 아이의 엄마라는 사실 말이다. 그들이 말하는 핑크빛 이론과 성공 사례들은 '그들이' 엄마이기 때문에 가능했을 수 있다는 합리적 의심을 우리는 간과한다. 그러다 보니 왜 우리 아이는 그들이 말하는 대로 되지 않는지 속상하고 화가 나는 것이다.내가 가르쳤던 두 아이가 그랬다. 산후조리원 동기인 어머니들은 자매만큼이나 가까운 사이였다. 그래서 두 아이는 늘 같은 학원엘 다녔다. 학교 성적도, 학원에서 보이는 학습 성과도 거의 같았다. 그러니 친하면서도 은근히 경쟁 구도가 만들어졌다. 그러다 어느 순간 한 아이의 학습 성과가 떨어지기 시작했다. 학교와 학원에서는 아이가 수업 태도도 좋고 숙제도 성실히 한다고 하는데 도무지 원인을 찾을 수 없었다. 집에서 봤을 때도 평소와 달라진 게 없으니 엄마는 혼란스러울 수밖에 없었다. 좋아지겠거니 기다렸지만, 아이의 성적은 점점 떨어졌다. 아이는 모든 학원에 다니지 않겠다고 선언했다. 급한 마음에 어머니께서는 내게 도움을 요청하셨고, 나는 학원이 아닌 카페에서 아이를 만났다. 침묵으로 한 시간을 버티고 있던 아이가 어렵게 입을 열었다. "엄마는 저를 사랑하지 않아요. 제가 엄마 얼굴에 먹칠할까 봐 그것만 두려워하세요! 처음엔 저도 잘해보고 싶었는데 이제는 그러고 싶지 않아요."라고 말했다. 조금 당황했지만 나는 차분히 대화를 끌어갔다. 그러면서 어머니가 무의식적으로 내뱉은 말들이 아이에게 상처를 남겼고, 그로 인해 오해의 골이 매우 깊어졌다는 것을 알게 되었다. 내가 어디까지 개입해야 할지 고민스러웠지만, 용기를 내서 어머니를 카페로 오시라고 말씀드렸다. 둘이 대화로 풀어 가기엔 아이의 감정이 너무 고조된 상태였기 때문에 중재자가 필요하겠다 싶어 나도 자리를 지켰다. 물론 한 번의 대화로 오랜 시간에 걸쳐 쌓였던 문제가 해결되지는 않았다. 하지만 오해의 골이 더 심해지는 것은 막을 수 있었다. 그런 시간 속에서 아이는 조금씩 제자리를 찾아갔다.

엄마이기 이전에 우리는 사람이다. 사람으로 태어난 이상 우리는 수많은 문제를 만날 수밖에 없다. 문제를 풀어가는 과정에서 틀릴 수밖에 없다. 하지만 엄마라는 포지션에 놓이는 순간 우리는 이런 상황을 받아들이지 않으려 한다. 하지만 이는 불가능한 일이다. 엄마라는 역할의 무게를 알고 시작한 사람은 아무도 없다. 정해진 답이 있는 것도 아니다. 그렇다면 틀리면서 배워가는 게 당연하다. 이 당연한 원리를 받아들이지 않으면 엄마에게도 아이에게도 상처만 남을 뿐이다. 부디 우리는 틀리는 존재이고, 덜 틀리기 위해 노력하는 존재라는 것을 받아들이길 바란다.

03

나를 만든 유년기의 잘못된 믿음들

'당신은 사랑받기 위해 태어난 사람. 당신의 삶 속에서 그 사랑 받고 있지요.' 익숙한 노래이지 않은가? 내가 이 노래를 처음 들은 것은 친구를 따라 간 교회에서였다. 멜로디가 쉬워서 나는 이 노래를 자주 흥얼거렸다. 하지만 내 스스로 사랑받기 위해 태어났다고 생각하기까지는 꽤 오랜 시간이 걸렸다. 나는 3녀 중 막내로 태어났다. 아들을 바라셨던 아버지의 마지막 희망을 무참히 꺾으며 말이다. 아버지는 버스 정비일을 하셨다. 안성에서 서울로 통근하면서도 결근 한 번 안 하신 성실한 분이셨다. 하지만 다섯 식구가 생활하기에 아버지 월급은 턱없이 부족했다. 그래서 엄마는 외할머니의 도움으로 장사를 시작하셨다. 내가 태어나 얼마 안 된 시점이었기에 나는 언니들과 주로 시간을 보냈다. 형편은 조금씩 나아졌고 우리는 단칸방에서 벗어날 수 있었다. 그러곤 외할머니가 우리를 돌봐주러 오셨다. 할머니는 좋은 분이었다. 하지만 무능한 사위와 세 딸로 인하여 자신의 딸이 고생한다 생각하셨다. 그래서 가끔 술을 과하게 드셨다. 술 취한 할머니는 언제나 소리를 지르며 우리에게 상처가 되는 말들을 쏟아내셨다. 공포에 질린 우리는 할머니가 잠드실 때까지 울면서 앉아 있었다. 그러다 할머니가 잠드시면 우리는 신발도 신지 못한 채 엄마의 가게로 달아났다. 엄마가 우리를 보호해주길 기대하면서 말이다. 하지만 피곤으로 지친 엄마는 우리를 반길 여력이 없었다. 그리고 우리에게 벌어진 일을 믿지 않으셨다. 그렇게 엄마에게도 환영받지 못한 우리는 거리를 배회했다. 할머니가 술에서 깨어나길 바라면서 말이다. 할머니는 아빠와도 자주 부딪치셨다. 그리고 오랜 싸움 끝에 결국 아빠는 집을 나가셨다. 그렇게 나는 아빠와 엄마의 정을 그리워하며 어린 시절을 보냈다. 그리고 이러한 경험들은 나에게 잘못된 믿음을 심어주었다. 내가 '사랑받기 위해 태어난 사람'이 아닌 '태어나지 말았어야 했던 사람'이라는 믿음 말이다.

어느 집이나 이런 스토리 하나쯤은 있을 것이다. 성인이 된 지금 뒤 돌아보면 극복 못 할 일도 아니다. 하지만 문제는 이런 환경이 심어준 믿음은 평생 나와 동행한다는 것이다. 우리의 무의식에 프로그래밍된 믿음이 쉽게 고쳐지지 않기 때문이다. 믿음의 종류는 참 다양하다. 나에 대한 믿음, 종교에 대한 믿음, 사회 체제에 대한 믿음, 그리고 타인에 대한 믿음 등 말이다. 이렇게 다양한 믿음 속에서 우리는 살아간다. 이러한 다양한 믿음은 어떻게 형성되는 것일까? 하나의 믿음이 형성되기 위해서는 먼저 특정 사실에 대한 지적 인정이 있어야 한다. 다시 말해 내가 미처 몰랐던 것에 대해 알게 되고 깨닫는 경험이 있어야 한다는 것이다. 내가 '나는 태어나지 말았어야 한다'는 믿음을 갖게 된 것은 '내가 엄마의 삶을 힘들게 하는 존재다.'라는 사실을 알게 되었기 때문이다. 그리고 이 깨달음은 나의 존재를 부정하는 믿음을 형성하게 되었다. 그렇다면 우리는 지적 인정이 되는 모든 것을 믿는가? 그렇지 않다. 내가 알게 된 사실에 신뢰와 의탁이 없다면 아는 것에서 그친다. 예를 들어서 내 앞에 구름다리가 있다고 해보자. 이미 수 천명의 사람들이 이 다리를 통해 계곡을 건넜다. 그러니 나도 이 다리를 지나면 계곡을 건널 수 있다. 그럼에도 불구하고 내가 이 다리를 건너지 않으려 버틴다면 그것은 무엇을 의미할까? 그 다리를 신뢰하지 않는다는 것이다. 우리는 이 다리의 안전성에 대한 지식이 있다 하여도 신뢰가 없으면 그 다리에 나를 맡기지 않는다. 나에게 '태어나지 말았어야 한다'는 믿음이 생긴 것은 할머니에 대한 신뢰가 있었고 나를 의탁할 수밖에 없었기 때문이다. 이렇게 믿음이란 신뢰하는 사람으로부터 새로운 지식이 들어오고 그 지식에 나를 맡김으로써 형성된다. 아이가 가장 신뢰하는 사람, 새로운 지식을 배우는 사람, 자신을 맡기는 사람은 주로 부모 또는 자신을 돌봐주는 사람들이다. 그렇다 보니 우리는 알게 모르게 여러 가지 믿음을 갖게 된다. 착한 아이 증후군을 들어본 적이 있는가? 이 증후군을 갖은 아이의 부모는 짜증이나 분노와 같은 자연스러운 욕구나 감정을 나쁜 것으로 평가한다. 그래서 예의 없는 행동을 하거나 소리를 지르는 것, 거짓말하는 것 등을 나쁜 행동으로 정의 내린다. 그리고 자신의 아이도 이러한 행동을 하지 못하도록 엄격하게 제한하고 교육한다. 그 결과 아이는 자신이 원하고 생각하는 대로 자유롭게 표현하지 못한다. 그리고 부모가 정한 기준에 부합되는 착한 아이가 되려고 노력한다. 그렇다 보니 억압되고 위축된 태도를 보이게 된다. 이런 아이는 겉으로 보기에는 얌전하고 착한 모범생인 것 같다. 하지만 내적으로는 자신감이 결여되어 있다. 또한 자신을 희생자로서 정의한다. 그래서 희생자로서의 역할을 지속하기 위해 타인이 자신에게 상처를 주고 있다고 생각한다. 그래서 앞에서는 비판하지 못하고 뒤에서 상대방을 비난한다.

나의 작은언니는 불과 얼마 전 자신이 착한 아이 증후군이라는 것을 알게 되었다. 그리고 왜 그렇게 삶이 힘들었는지도 이해하게 되었다. 외할머니는 세 손녀 중 작은언니를 가장 이뻐하셨다. 작은언니가 할머니의 말을 가장 잘 들었기 때문이다. 큰언니와 나는 타고난 기질이 강하여 사춘기 때 할머니께 반항도 했다. 하지만 작은언니는 부모에게서 못 받은 사랑을 할머니에게서 채우고 싶었다. 그러니 할머니 말씀에 복종할 수밖에 없었다. 물론 언니에게는 기질적으로 선한 마음도 있었다. 하지만 언니는 엄마와 할머니의 칭찬이 좋았다. 그렇게 언니는 자신을 착한 사람으로 믿었고, 주변 사람들에게도 그렇게 보였다. 하지만 문제는 불쑥불쑥 올라오는 화였다. 언니는 착한 사람이지만 내면에 화가 있었다. 자신은 착한 사람이라서 화가 있으면 안 되는데 작은 일에도 화가 올라왔다. 이런 모습은 자기답지 않다며 혼자 꾹꾹 누르려니 힘들 수밖에 없었다. 수십 년이 지나서야 언니는 그 화의 정체를 알게 되었다. 물론 자신을 인정하고 싶지 않을 수 있다. 하지만 받아들이고 난 이후 언니는 어느 때보다 마음이 가볍다고 했다.

나를 포함하여 많은 어른은 여러 가지 증후군을 앓고 있다. 정도의 차이와 자신이 그것을 인지하느냐 그렇지 못하느냐의 차이일 뿐이다. 아이가 부모의 관심과 사랑을 받고자 하는 것은 생존 욕구다. 그리고 아이였던 우리도 생존해야만 했다. 그래서 부모로부터 또는 환경으로부터 많은 것들을 의심 없이 흡수했다. 이런 믿음은 무의식적으로 일어나기에 알아차리기도 어렵다. 그렇게 우리는 프로그래밍된 잘못된 믿음에 사로잡혀 살았다. 그렇다면 우리는 그 믿음들을 끌어안은 채 이대로 살 것인가? 나는 절대 그러지 않기를 권한다. 그 믿음은 우리가 아니다. 우리는 그보다 더 훌륭하고 멋진 존재다. 우리가 아직 발견하지 못했을 뿐이다. 에크하르트 톨레의 저서 『삶으로 다시 떠오르기』에서 말하길 우리는 자신이 믿고 있는 모든 것으로부터 자유로워져야 한다고 한다. '무엇이 내가 아닌가'를 아는 순간 '나는 누구인가'가 저절로 나타나기 때문이다. 인간은 오래된 기억을 지속시키기에 감정적 고통의 축적물을 지니고 있다. 그리고 이미 형성된 고통의 축적물을 없앨 수는 없다. 하지만 여기에 새로운 고통을 추가할 필요는 없다. 이는 선택일 뿐이다.

지금의 나는 진짜 내 모습이 아니다. 유년기에 형성된 잘못된 믿음들의 결과물이다. 이것을 받아들이고 안 받아들이고는 각자의 선택이다. 하지만, 이걸 받아들인다면 많은 것이 변할 것이다. 나를 형성한 잘못된 믿음들을 하나씩 지워가면 진짜 내 모습이 보이기 시작한다. 그리고 이렇게 발견된 내 모습은 나에게 희망을 선물한다. 내가 꽤 괜찮은 사람이고, 이 지구별에 온 목적이 있다는 선물 말이다.

물론 진짜 나를 알아가는 과정이 늘 꽃길만은 아니다. 내가 인정하고 싶지 않은 면들도 불쑥불쑥 튀어나오기 때문이다. 그럴 때면 차라리 잘못된 믿음을 붙잡고 사는 것이 낫겠다는 생각도 든다. 하지만 이 과정을 거치지 않으면 나는 거짓 가면을 쓰고 고통 속에서 살아야 한다.

게다가 나의 잘못된 믿음은 아이에게까지 대물림된다. 생각만 해도 끔찍하지 않은가? 내가 겪은 이 고통을 내 아이도 겪는다는 것이? 엄마가 진정한 자신을 찾는 여정을 떠나야 하는 또 하나의 이유가 아닐까 싶다.

내가 무의식적으로 프로그래밍되었던 것처럼 내 아이에게도 그 과정은 일어난다. 하지만 엄마가 진정한 자신을 찾아가는 여정을 떠날 용기를 낸다면 내 아이는 '나다움'으로 살 기회를 얻는다. 해볼 만한 가치가 있는 도전 아닌가? 나에게도 내 아이에게도 한 번뿐인 인생이다. 조금만 용기를 내서 진짜 나답게 살아보자.

04

내가
두려워해야 할 것은
나의 생각들이다

당신은 주로 어떤 생각을 하며 시간을 보내는가? 만약 당신이 아이 걱정, 남편 걱정, 돈 걱정, 건강 걱정 등으로 시간을 보낸다면 이번 장을 열심히 읽어주길 바란다. 조성희 작가의 『뜨겁게 나를 응원한다』에서 말하길 이 세상 사람의 단 1%만 진정으로 생각을 한다고 한다. 3%는 자신이 생각한다고 생각한다. 그리고 나머지 96%는 생각하느니 차라리 죽겠다고 한다. 만약 우리가 1%에 들지 않는다면 생각한다고 착각하거나 생각을 하지 않는다는 의미다. 평소에 생각이 많던 나는 이 책을 읽고 큰 충격에 빠졌다. 내가 1%에 들어간다는 확신이 없었기 때문이다. 그렇다면 나는 생각한다고 착각을 하는 사람이거나 생각을 거부하는 사람인 것이다. 지금껏 내가 생각이라고 믿어왔던 것의 정체는 도대체 뭘까?

골똘히 고민해보자. 우리가 나의 생각이라 믿는 것이 정말 나의 생각일까? 그렇지 않다. 대부분의 생각은 과거의 기억과 주위 사람들에 의해 형성된 상념들이다. 즉 자신이 경험한 것과 믿는 것을 기반으로 형성된다는 의미다. 그래서 무언가를 보면 과거의 기억들이 떠오른다. 이렇게 우리는 주체적 생각이 아닌 떠오르는 생각을 한다.

코로나가 발생하기 전까지 나는 요가, 필라테스 센터에 꾸준히 다녔다. 나는 운동 목적으로 갔지만 선생님께서는 명상의 중요성에 대해 자주 말씀해주셨다. 그래서 수업 10분 전에는 다 같이 눈을 감고 선생님 구령에 맞춰 들숨과 날숨을 반복했다. 그러다 선생님께서 구령을 멈추고 각자 호흡을 하라고 하셨다. 나는 이내 호흡을 놓쳤다. 갑자기 떠오르는 생각들 때문이었다. 분명 호흡에 집중하라고 하셨는데 나는 매번 떠오르는 생각에 사로잡혔다. 이것이 나만의 문제인가 싶어 수업이 끝난 후 선생님께 여쭸다. 선생님께서는 대부분 사람이 그렇다고 하셨다. 하지만 순간의 생각을 알아차리고 그 생각을 흘려보내는 것이 중요하다고 하셨다.

많은 사람은 명상을 가부좌로 앉아서 하는 종교적 행동으로 받아들인다. 하지만 크리스천인 나에게 명상이란 내 생각을 알아차리는 좋은 훈련법이다. 적어도 나는 그렇게 생각한다. 그래서 나는 잠깐이라도 편안한 자세로 앉아 내 생각들을 관찰하는 것을 즐긴다. 내가 눈을 감는 이유는 사물이 보이면 그 사물로 인해 집중력이 떨어지기 때문이다. 나는 이 활동들을 명상이라 부르지는 않는다. 그 대신 '알아차리기'라고 부른다. 이러한 훈련을 하다 보면 나의 감정도 금방 알아차리게 된다. 그리고 감정을 알아차리는 것은 삶의 질을 향상시킨다. 왜냐하면 알아차리는 순간 올라왔던 감정이 수그러들기 때문이다. 특히나 부정적 감정일수록 효과적이다. 예를 들어서 내 앞으로 갑자기 차가 끼어들어 사고가 날 뻔했다고 하자. 나도 모르게 화가 불쑥 올라온다. 하지만 내가 지금 화가 났음을 인지하는 순간 신기하게도 화가 누그러든다. 그러고 나면 사고가 나지 않았으니 다행이라는 생각으로 이어진다.

지금은 고인이 된 스티브 잡스는 명상에 대해 이렇게 말했다. "가만히 앉아서 내면을 들여다보면 우리의 마음이 불안한 것을 알게 된다. 그것을 잠재우려 애쓰면 더 불안해질 뿐이다. 하지만 시간이 지나면 불안의 파도는 점차 잦아든다. 그러면 무언가를 감지할 수 있는 여백이 생겨난다." 바로 이 여백이 생겨났을 때 우리는 주체적 생각을 할 수 있는 것이다.

나는 명상을 하라고 주장하려는 것이 아니다. 생각을 인지하는 것이 중요하다는 말을 하려는 거다. 물론 생각을 인지하지 않고도 살 수는 있다. 하지만 그렇게 살면 사는 대로 생각하게 된다. 이것은 아주 위험한 일이다. 인생 전체가 꽃길인 사람은 없다. 주로는 자갈밭이고 가끔 꽃길이라는 말이 맞다. 이런 자갈밭 삶이 내 생각을 좌우한다면 생각도 삶처럼 자갈밭이 된다. 그리고 삶과 생각의 자갈밭은 악순환의 반복이 된다. 그러니 우리는 생각을 알아차리는 것을 미뤄서는 안 된다. 우리가 내 생각을 알아차릴 때 원하는 것에 내 생각을 집중할 수 있다.

우리 인생은 생각한 대로 이루어질까? 내 경험으로는 그렇다. 나는 유복한 환경에서 자라지 않았다. 엄마가 장사를 시작하시면서 가정 형편이 잠깐 좋아졌지만 그리 오래 가지 못했다. 어려운 형편이란 것을 티 내고 싶지 않아서 나는 대학교 4년 내내 아르바이트를 했다. 그래서 그 흔한 동아리 하나 가입하지 못했다. 나는 청주에서 학교를 다녔기 때문에 방학엔 시급이 높은 서울로 올라갔다. 그리고 두 달간 고시원에서 지내며 식당, 커피숍 등 닥치는 대로 일을 했다. 그렇게 방학 때 번 돈으로 학비를 충당하고 학기 중 아르바이트로 생활비를 충당했다. 이런 내 삶에 희망은 없어 보였다. 학업과 일을 병행하려니 몸도 마음도 늘 지쳐 있었다. 졸업을 한 뒤엔 무슨 일을 해야 할지 막막했다. 나는 내게 주어진 삶은 너무 힘들다 생각했다. 주변 친구들과 나를 비교하며 삶은 불공평하다 생각했다. 그래서 나는 늘 부정적이었고, 작은 일에도 화를 잘 냈다.

하지만 나는 2002년 선물 받은『너만의 명작을 그려라』라는 책으로 생각을 바꾸었다. 이 책에서는 우리가 각자의 능력을 갖고 태어났다고 말했다. 물론 능력만으로 모든 게 해결되는 것은 아니다. 우리는 도전도 해야 하고 장애물도 넘어야 한다. 하지만 이런 과정을 인내하면 삶의 진정한 평화를 느끼게 된다는 거였다. 나는 이 내용을 믿었다. 그래서 집 곳곳에 'No pains, no gains!'(고통 없이는 얻는 것도 없다)를 써 붙였다. 그리고 내가 가졌던 생각들을 바꾸기 위해 노력했다. 그러던 나는 영어와 운명적으로 만났다. 학원에 다닐 형편이 되지 않았기에 나는 매일 4시간 이상 혼자 영어를 공부했다. 그렇게 독학으로 영어 스피킹을 마스터한 후 나는 어학원 강사가 되었다. 그 이후 입시 영어도 완벽히 습득해 고가의 과외를 했다. 그리고 준비가 되었을 때 나만의 학원을 열었다.

20년 전의 나는 내가 이런 멋진 삶을 살게 될 거라 상상하지 못했다. 하지만 나는 하나님께서 나에게도 분명 달란트를 주셨을 거라고 생각했다. 그 능력이 크지는 않을 수 있다. 하지만 내가 인내하고 노력하면 반드시 나에게도 더 나은 삶이 주어질 거라고 믿었다. 그렇게 나는 그 믿음으로 버텼다. 그리고 시간은 내게 선물을 주었다. 가난에서 벗어난 삶, 가치 있는 삶 말이다. 그러니 우리 삶이 생각하는 대로 될까에 대한 의심을 하고 있다면 제발 그 의심을 멈추길 바란다.

매사에 부정적인 동료 강사가 있었다. 그녀는 입만 열면 시댁과 남편, 자신이 가르치는 학생들, 학부모들에 대한 불만을 토해냈다. 처음엔 항상 힘든 상황에 놓이는 그녀가 안타까웠다. 그래서 얘기도 들어주고 위로도 해줬다. 하지만 그녀를 만나고 오면 나의 에너지는 완전히 고갈되는 기분이었다. 그래서 어느 순간부터 나도 다른 동료들처럼 그녀를 피했다. 왜 그녀는 늘 불평불만일까? 그녀는 자신을 삶의 피해자라고 생각했다. 모든 불운은 자신에게 오고 모든 행운은 자신을 피해 간다고 생각했다. 그러니 그녀의 입에서 긍정의 말이 나올 리 없었다. 이렇게 매사에 부정적이니 그녀는 마음이 즐거울 수 없었다. 마음이 즐겁지 않으니 주변인을 대하는 태도가 좋을 리 없었다. 그래서 그녀가 맡은 반에서는 컴플레인이 끊이질 않았다. 그러면 그녀는 컴플레인을 한 학부모와 학생을 원망하는 얘기를 하루 종일 했다. 이렇게 힘든 자신의 마음을 누구도 알아주지 않는다 생각한 그녀는 더욱 부정적으로 생각했다. 그리고 곧 더 많은 컴플레인이 쏟아졌다. 결국 그녀는 학원에서 해고를 당했다. 그녀는 자신에게 일어나는 일들의 원인을 전혀 알지 못하는 것으로 보였다. 만약 자신의 부정적 생각이 이 모든 상황의 원인이라는 것을 그녀가 알았다면 멈추지 않았을까?

생각을 바꾸려면 생각을 알아차려야 한다. 하지만 처음부터 생각을 알아차리는 것은 쉽지 않다. 그래서 내가 권하는 방법은 감정 알아차리기다. 감정을 알아차리면 그 감정이 연결된 생각을 알아차릴 수 있다. 예를 들어 내가 퇴근해서 집에 돌아왔다. 싱크대에 그릇이 잔뜩 쌓여 있다. 분명 오늘은 남편이 설거지 당번인데 왜 안 한 거지? 내 안에서 화가 올라온다. 화가 났으니 내 입에서 부드러운 말이 나갈 리 없다. 그리고 나의 가시 돋은 말은 남편의 기분도 상하게 한다. 그러니 남편의 입에서도 부드러운 말이 나올 리 없다. 그렇게 사소한 일로 두 사람은 다툰다. 이 다툼이 굳이 필요할까? 다시 돌아가 생각해보자. 쌓인 그릇을 보고 나는 화의 감정을 알아차린다. 그런데 그 화는 사실 서운함이다. 나는 그 서운한 감정은 어디에서 비롯되었나 본다. 결국 남편이 나를 배려하지 않았다는 생각에서 비롯되었다는 것을 인지한다. 이렇게 감정이 연결된 생각을 인지하면 상대에게 내 생각을 말하면 된다. "오늘 자기가 설거지 당번인데 깜빡한 거야? 서운하네!" 그럼 남편이 미안해하며 설거지를 할 것이다. 그리고 둘 사이에 험한 말은 오갈 필요가 없다. 너무 비현실적이라고 생각하는가? 전형적 B형의 다혈질인 내가 해냈다면 누구라도 할 수 있다.

우리는 떠오르는 생각을 막을 수는 없다. 하지만 선택할 수는 있다. 물론 이 과정이 너무 복잡하고 힘들어 보일 수 있다. 그냥 살던 대로 살고 싶다고 생각할 수 있다. 하지만 부디 그러지 않기를 바란다. 부모가 되면 아이에게 많은 것을 물려 준다. 1번은 유전자라는 말이 그냥 있는 것은 아니다. 여기서 우리가 놓치지 말아야 할 것이 있다. 유전자는 생물학적 유전자뿐만 아니라 생각의 유전자도 있다. 내 생각이 아이들에게 전해진다는 것을 잊지 말자. 내가 생각하는 대로 살지 않으면 내 자녀도 같은 길을 밟게 된다. 생각을 조심하자. 이런 나의 노력은 예상보다 큰 선물로 돌아올 것이다.

05

가장 어려운 숙제, 자녀 교육

'맹모삼천지교'. 누구나 한 번쯤은 들어 봤을 것이다. 맹자가 어렸을 때 맹자의 어머니가 묘지 근처로 이사를 갔다. 그런데 맹자가 상여 놀이와 곡성 흉내만 내는 것이 아닌가. 이에 맹모는 그곳이 "자식을 기를 곳이 못 된다."라며 시장 근처로 이사했다. 그런데 이번에는 맹자가 장사 놀이를 하는 것이었다. 이에 맹모는 다시 서당 근처로 집을 옮겼다. 그랬더니 맹자가 늘 글 읽는 흉내를 내었다. 이에 맹자의 어머니는 이곳이 가장 자식 기르기에 적당하다며 계속 그곳에서 살았다. 이처럼 '맹모삼천지교'는 자식 교육에 대한 부모의 정성, 또는 교육과 환경의 관계를 보여주는 대표적인 이야기다.

그러나 이 글을 읽는 지금 우리 아이의 교육 환경이 고민된다면 그 생각을 잠시 내려놓길 바란다. 나는 교육 환경이 아닌 맹자의 어머니 이야기를 하려고 한다. 그녀는 세상에 둘도 없는 교육자였으며 훌륭한 어머니였기 때문이다.

맹자는 적극적인 아이였고, 평범하게 자라 어느 정도의 기초 학문을 닦았다. 마을에서는 더 높은 학문을 배울 수 없다고 생각한 맹모는 맹자를 10년간 노나라로 유학을 보냈다. 그러나 맹자는 10년을 채우지 못한 채 돌아왔다.

맹모는 약속된 기한을 채우지 못한 아들을 반기지 않았다. 그녀는 즉시 부엌으로 가서 칼을 가져왔다. 그러곤 자신이 힘들게 베를 짜고 있던 베틀의 날줄을 모두 잘라버렸다. 학문을 중간에 중단하는 것은 어렵게 하던 길쌈을 칼로 베어버리는 것과 같음을 보여주기 위함이었다. 이에 맹자는 크게 깨닫고 노나라로 발길을 돌렸다.

이 이야기는 '맹모단기지교'로 학문을 중도에 그만두는 것은 짜고 있던 베를 끊어버리는 것과 같다는 의미다. 나는 교육자로서 맹모를 존경한다. 그녀는 아들의 잠재력을 누구보다 잘 알았고 자녀 교육에 뚜렷한 기준을 갖고 있었다. 수년간 떨어져 있던 아들이 돌아왔는데, 매몰차게 아들을 돌려보내는 것이 쉬운 선택은 아니다. 게다가 그녀는 말로 설명하지 않았다. 자신이 힘들게 짜고 있던 길쌈을 단칼에 베어 행동으로 보여주었다.

맹모가 공부밖에 모르는 엄마라서 그랬던 걸까? 아니면 독한 사람이라서 그렇게 행동한 걸까? 나는 맹모가 누구보다 아들을 사랑하기 때문에 그럴 수 있었다고 생각한다.

자신의 아이를 사랑하지 않는 부모는 없다. 사랑하기 때문에 좋은 환경에서 교육받길 바란다. 사랑하기 때문에 좋은 대학에 가길 바란다. 사랑하기 때문에 좋은 직장에 들어가길 바란다. 하지만 부모가 제시한 방향이 내 아이에게 맞는다고 어떻게 확신할 수 있는가? 그것들은 어떤 기준으로 제시된 방향인가?

숙제는 늘 부담스러운 존재다. 안 하자니 찜찜하고, 하기는 싫고. 미루다 하거나, 끝까지 안 하고 꾸지람을 듣거나 둘 중 하나다.

부모에게도 공동의 숙제가 있다. 바로 자녀 교육이다. 그런데 아이의 숙제와 부모의 숙제는 다른 점이 있다. 부모의 숙제는 열심히 할수록 더 어렵게 느껴진다는 것이다. 포기할 수는 없어서 숙제를 잘하는 부모들을 따라 해보기도 한다. 하지만 그들의 성과는 나의 성과보다 늘 더 좋다.

왜 우리에겐 자녀 교육이 어려울까? 20년의 현장 경험을 빌려 감히 말하자면 '교육의 기준과 목적'이 분명하지 않기 때문이다. 기준도 없고 목적도 없는 상황에서 아는 척까지 하려니 삼중고를 치르게 된다. 차라리 모른다고 솔직하게 인정이라도 하면 배움의 공간이 마련된다. 하지만 그것을 인정하지 않으면 고착된 사고에서 벗어날 수 없다. 교육이란 무엇일까? 교육은 인간 형성의 과정이며 사회 개조의 수단이다. 바람직한 인격을 형성해 개인 생활, 가정생활, 사회생활에서 보다 행복하고 가치 있는 나날을 보내게 해준다. 그리고 나아가 사회 발전을 꾀하게 해주는 작용을 한다.

이는 우리가 알고 있는 교육의 개념과 사뭇 다르지 않은가? 만약 교육의 참된 의미를 이미 알고 있었다면 축하한다. 혹시 몰랐다 해도 축하한다. 끝까지 모를 수 있었는데 지금이라도 알았으니 말이다. 자녀 교육이 어려운 이유를 이제는 알겠는가? 교육의 의미도 정확히 모르는데, 기준과 목적을 따로 세울 리 없지 않은가? 교육의 개념에서 우리가 눈여겨볼 단어들이 있다. 바로 '개인, 가정, 사회, 행복, 가치, 발전'이다. 많은 사람이 교육의 개념 속에 '학교, 성적, 학원, 대학'을 넣는다. 초보 강사 시절엔 나 또한 그랬다. 아이들에게 진짜 필요한 교육이 무엇인지 생각해 볼 기회가 없었기 때문이다. 하지만 많은 아이와 학부모들을 만나면서 내 생각은 급속도로 바뀌었다.

피부가 유난히 하얗고, 수줍게 미소 짓던 아이가 기억난다. 말수가 적어서 영어 스피킹 수업 시간이면 조용히 자리를 지켰던 친구다. 예쁜 외모에 공부까지 잘해서 친구들의 부러움을 한 몸에 받는 아이였다. 그 아이는 이화여대 입학을 목표로 했다. 그리고 모두의 예상대로 우수한 성적으로 입학에 성공했다. 나는 아이가 원하는 학교에 입학했으니 학교생활을 잘하고 있으리라 생각했다. 그러던 어느 날 아이에게서 문자 한 통이 왔다. '선생님! 저 학교 그만뒀어요!' 나는 내 눈을 의심하며 혹시 잘못 온 문자가 아닌지 다시 한 번 확인했다. 분명 그녀의 문자가 맞았다. 무슨 일인가 싶어 당장 전화를 걸었다. 알고 보니 오랫동안 그림을 너무 그리고 싶었다고 한다. 하지만 부모님의 반대가 너무 심해 모두의 소원을 일단 들어주기로 했단다.

그렇게 한 학기를 다닌 후 아이가 부모님 몰래 자퇴해버린 것이다. 휴학하면 분명 부모님께서 설득하려 들 거라 판단하고 자퇴한 것이었다. 아이는 자퇴 사실을 숨기고 혼자 미술 학원에 다녔다. 그러다 결국 어머니께 들키고 말았다. 하지만 이미 엎질러진 물이었다. 부모님은 그녀에게 1년의 기회를 주기로 하셨다. 아이는 1년간 자신의 모든 것을 걸고 노력했다. 그래서 애니메이션 학과에 입학했고, 졸업도 하기 전에 일본 회사에 스카우트되었다. 지금은 연락이 끊겼지만, 마지막 통화 때 그녀의 목소리는 굉장히 밝았다. '개인, 가정, 사회, 행복, 가치, 발전'의 의미를 그녀 스스로 만들어냈기 때문이다. 그녀는 일본으로 가서 멋진 남자친구를 만났다. 회사에서는 자신의 가치를 인정받으며 발전하고 있었다. 그리고 자신의 작품이 누군가를 행복하게 만든다고 굳게 믿기 때문에 그녀는 행복했다.

만약 교육의 의미를 단지 학교 교육과 연관 지었다면, 그녀는 실패 사례다. 하지만 교육의 참된 의미로 본다면 그녀는 분명 성공 사례다. 그리고 그녀의 부모님이 고착된 사고에서 벗어나 유연하게 대처했다면 더 빠른 성공 사례가 될 수 있었다. 협소한 기준과 고착된 사고에서 벗어난다면 자녀 교육이 그렇게 고통스러운 숙제만은 아니다. 자녀 교육을 경쟁 체제의 점수로 판단하려 하면 부모도 아이도 괴롭다. 게다가 승자도 없다. 나는 아이들의 학교 성적을 신경 쓸 필요가 없다고 말하는 것이 아니다. 아이들이 수업에 성실히 임하고 숙제를 하는 것은 학생의 의무다. 부족한 부분은 사교육을 통해 보충하는 것 또한 맞다. 그리고 공부는 인내와 노력을 배울 수 있는 최고의 도구다. 어차피 인생에서 좋은 것만 하고 살 수는 없다. 어려서부터 인내와 노력을 연습하는 것은 분명 필요하다. 하지만 기준도 목적도 없는 상태에서 남들이 하니까 무조건 따라 하는 공부는 의미가 없다. 그러니 아이가 왜 공부를 해야 하는지 부모가 먼저 고민해봐야 한다.

마지막으로 나는 자녀 교육에 대해 꼭 해주고 싶은 말이 있다. "학교는 사회로 나가기 전에 경험하는 작은 사회다." 이것은 내가 아이들에게 자주 하는 말이기도 하다. 우리는 사회적 동물이다. 그래서 원하든 그렇지 않든 사람들과 어울리는 법을 배워야 한다. 크고 작은 문제 앞에 스스로 선택하고 책임지는 훈련을 해야 한다. 그리고 학교는 사회를 미리 경험할 수 있는 좋은 공간이다. 하지만 많은 아이가 인간관계 연습, 선택과 책임에서 어려움을 겪고 있다. 가끔은 부모들의 개입이 아이의 문제 해결 경험을 빼앗기도 한다. 교육의 개념에는 분명 '사회'라는 단어가 들어 있다. 그리고 사회의 일원으로 살아가는 것은 반드시 아이가 배워야 할 부분이다. 그러니 아이에게 경험하고 틀릴 기회를 주자. 지켜보는 과정이 가슴 아프고, 답답할지라도 조금만 기다려주자. 그래야 아이들이 배울 수 있고, 진짜 교육을 경험할 수 있다.

06

아는 만큼 보이고, 보이는 만큼 성공한다

나의 엄마는 옷 장사를 20년 동안 하셨다. 처음에는 신발 가게를 하셨는데, 생각만큼 잘 되지 않았다. 그래서 답답한 마음에 엄마는 철학관을 찾아가셨다. 철학관 선생님은 비단 장사가 엄마에게 더 맞다고 권해주셨다. 그리고 그 조언은 적중했다. 엄마가 옷 가게를 시작한 후 우리 집 형편은 급속도로 좋아졌다. 엄마는 외할머니를 닮아 매우 똑똑하시다. 그래서 옷 가게도 전략적으로 운영하셨다. 그 당시 엄마에게 주 고객은 상업고등학교에 다니는 여학생들이었다. 상업고 여학생들은 3학년에 취업 면접을 보러 간다. 그래서 엄마는 가게에 면접 의상으로 적합한 정장을 예쁘게 진열해두었다. 그리고 정장을 사는 여학생에게는 리본을 예쁘게 묶는 법을 꼭 가르치셨다. 그 당시엔 검정 치마 정장, 하얀 블라우스, 예쁘게 묶은 리본이 가장 이상적인 취업 복장이었기 때문이다. 취업에 성공한 여학생은 엄마의 충성 고객이 되었다. 그리고 입소문은 빠르게 퍼져나갔다. 그렇게 '취업 의상 전문'으로 명성을 얻은 우리 가게는 손님으로 늘 붐볐다.

20년간 옷을 만져 온 엄마는 옷 고르는 센스가 남다르다. 그래서 매대에 누워 있는 물건들에서도 보석 같은 물건을 찾아내신다. 엄마는 디자인뿐 아니라 옷 소재도 잘 보신다. 옷감을 만져보면 이 옷이 한국에서 만들어졌는지 해외에서 만들어졌는지도 바로 아신다. 그리고 옷의 원가도 대략 알기에 그 가격이 합리적인지 아닌지 빠르게 판단하신다. 그래서 엄마와 쇼핑을 가면 실패가 없다. 엄마는 늘 말씀하신다. "오래 볼 거 없어!!" 하지만 나는 쇼핑이 늘 어렵다. 옷 재질도, 옷 디자인도, 가성비도 잘 모르기에 나의 선택에 확신이 없다. 그래서 나는 옷을 사려면 오래 보아야 한다. 게다가 가끔은 오래 보고 구매했는데도 실패한다. 엄마와 나의 차이는 무엇일까? 옷에 대해 내가 아는 것과 엄마가 아는 것의 차이다.

"아는 만큼 보인다."라는 말을 들어봤는가? 이 표현은 미술사학자 유홍준 교수의 저서 『나의 문화유산 답사기』에서 처음 등장했다. 답사기가 100만 권이 넘게 팔리는 베스트셀러가 되면서, 이 표현이 사람들 사이에서도 널리 쓰이게 되었다. 하지만 과연 얼마나 많은 사람이 이 표현의 진짜 의미를 이해했을지 궁금하다. '안다'는 것은 무엇을 의미할까? 이는 상황에 따라 여러 의미를 가질 수 있다. '감기에 걸려 음식 맛을 알 수 없다.', '네 일은 네가 알아서 해라.', '부끄러운 줄 알아라.' 이 세 문장 속의 '안다'는 모두 다른 의미다.

그리고 '아는 만큼 보인다'의 '안다' 또한 다른 의미다. 여기서의 '안다'는 교육이나 경험, 사고 행위를 통해 사물이나 상황에 대한 정보나 지식을 갖추는 것이다. 엄마는 옷에 대한 교육을 받으신 건 아니었다. 하지만 많은 경험을 쌓으셨다. 그리고 좋은 옷을 팔기 위해 옷에 대한 정보나 지식을 갖췄다. 이것이 엄마와 나의 차이점이었다. 엄마가 옷에 대해 나보다 아는 것이 많으니 보이는 것도 많다. 그래서 엄마는 빠른 선택, 정확한 선택을 할 수 있었다.

그렇다면 영역을 바꿔 생각해보자. 나는 영어 학원장이다. 나는 영어를 독학으로 정복하였고, 20년간 아이들을 가르치는 경험을 했다. 그리고 더 효과적인 학습법을 찾기 위해 영어와 관련된 많은 정보와 지식을 갖췄다. 이렇게 영어의 영역으로 넘어오는 순간 게임이 역전된다. 영어에 대해서는 내가 엄마보다 아는 것이 더 많다. 그래서 영어에 대해 보이는 것도 더 많다.

'아는 만큼 보인다'는 말은 정말 맞는 말이다. 누구도 부정할 수 없을 것이다. 하지만 우리는 모든 영역에서 '안다'라고 말할 수 있을까? 우리는 '안다'라고 말하는 것에 대해 얼마나 확신할까?

부모는 아이보다 세상에 먼저 태어난다. 부모는 먼저 교육받고, 먼저 경험하고, 먼저 정보와 지식을 얻는다. 그리고 이러한 지식, 정보, 경험은 어린 자녀를 보호하기 위해 유용하게 사용된다. 하지만 '먼저'라는 단어에 집중하자. 부모의 교육, 경험, 정보, 지식은 과거로부터 온 것이다. 그리고 세상은 빠르게 변해 가고 있다. 게다가 코로나로 인하여 변화는 10년 더 빨라졌다. 이러한 변화의 물결 속에서 우리는 과연 '안다'라고 우길 수 있을까? 물론 시대가 변해도 변하지 않는 진리는 존재한다. 하지만 내가 안다고 믿는 것들에 대해 합리적 의심을 해볼 필요는 있다. 특히 아이의 직업에 관련해서는 제발 틀에 박힌 사고에서 벗어나길 바란다.

나의 남편은 출근하지 않는다. 정확히 말하면 집이 사무실이다. 하지만 종일 일을 하지는 않는다. 그래서 대부분의 시간 동안 그는 책을 읽고 글을 쓴다. 가끔은 유튜브도 찍는다. 그는 일주일에 총 6시간만 고정적으로 일한다. 이렇게 일해서 돈은 버는지 걱정되는가? 다행히도 억대 연봉의 돈을 벌어주는 고마운 사람이다.

만약 당신의 아이가 이런 직업을 선택하겠다고 하면 뭐라고 말하겠는가? 대부분 부모는 이런 직업이 존재한다는 것을 믿지 않을 것이다. 또는 아이가 어디서 허황된 얘기를 듣고 왔다고 걱정할 것이다.

하지만 이런 직업이 진짜 존재한다고 가정해보자. 시간적 여유가 있을 뿐 아니라 자신이 굉장히 사랑하는 일이다. 그리고 많은 사람을 돕는 일이기 때문에 늘 고맙다는 말을 듣는다. 게다가 일반 직장인으로서는 상상도 할 수 없는 돈을 번다. 만약 이런 일이 정말 존재한다면 그래도 아이를 말릴 텐가?

이러한 직업이 실제로 존재함에도 불구하고 많은 부모는 아이를 만류할 것이다. 그들이 이 직업에 대해 알지 못하기 때문이다. 우리는 알지 못하는 것에 대한 두려움이 크다. 그리고 그 두려움은 아이의 도전을 막아선다.

내 남편은 '메신저'다. 브렌든 버처드의 『백만장자 메신저』라는 책에는 메신저에 대해 자세히 설명되어 있다. 메신저는 말 그대로 자신의 경험, 지식, 정보를 사람들에게 전달하는 사람이다. 얼핏 보기에 선생님이나 강사로 보일 수 있지만 일의 성격은 매우 다르다. 메신저들은 숱한 어려움 끝에 어떤 일을 해낸 적이 있다. 또는 어떤 것을 이해하느라 몇 년을 보낸 끝에 깨달음에 도달한 경험이 있다. 이렇게 얻어진 경험과 깨달음은 같은 일을 겪는 누군가에게 가치 있는 정보다. 그래서 메신저들은 고객의 시간과 비용을 줄여주기 위해 그들을 돕는다. 우리가 알지 못할 뿐 대한민국에도 이미 많은 메신저가 있다.

내가 책 쓰기 코칭을 받은 〈한국책쓰기강사양성협회〉의 김태광 대표님은 한국의 대표적인 메신저다. 그는 너무나 작가가 되고 싶었다. 그러나 책을 어떻게 써야 할지 그에게 가르쳐주는 사람이 없었다. 수많은 시행착오를 겪으면서도 그는 작가의 꿈을 포기할 수 없었다. 결국 출판사로부터 7년간 500번의 거절을 당한 후 그는 첫 책을 출간할 수 있었다.

그는 이후 250권의 저서를 집필하였다. 그리고 책을 쓰는 과정에서 쉽고 빠르게 책을 쓰는 그만의 비법을 찾아냈다. 그래서 세계 최초로 〈출판가이드 시스템〉 특허 출원을 하였다. 그리고 자신처럼 책을 쓰고자 하는 사람들을 도와서 11년간 1100명의 평범한 사람을 작가로 만들었다. 그렇게 그는 명실상부한 '대한민국 1등 책 쓰기 코치'로 우뚝 섰다.

세상에는 정말 다양한 직업이 존재한다. 그리고 직업의 종류도 빠르게 변해 간다. 최고의 직업으로 선망받던 직업이 사람들의 외면을 받기도 하고 익숙하거나 안정적으로 보이지 않던 직업이 갑자기 선망받기도 한다. 매일 새로운 직업이 생겨나고 또 사라지기도 한다. 그러나 많은 부모는 여전히 자신에게 익숙한 특정 직업군을 아이에게 권한다. 우리가 익숙함을 기준으로 선택하면 내가 알지 못해 놓치는 기회와 성공이 존재한다는 점을 꼭 기억해야 한다.

우리는 아는 만큼 보이고, 보이는 만큼 성공한다. 게다가 부모의 '안다'는 자신의 삶뿐 아니라 아이의 삶에도 큰 영향을 미친다. 그래서 부모는 아는 영역을 확장할 필요가 있다.

학부모들에게 내가 운영하는 독서 모임에 참여할 것을 권하는 진짜 이유이기도 하다. 책 한 권을 읽는다고 지금 당장 내가 아는 영역이 증폭하는 것은 아니다. 하지만 꾸준한 독서는 우리에게 관점을 추가하는 최고의 도구다. 관점이 추가되면 생각의 폭이 넓어진다.

변화된 내 생각은 평소와는 다른 말과 행동으로 이어진다. 이렇게 변화된 엄마의 말과 행동은 아이에게 영향을 줄 수밖에 없다. 그러니 나를 위해 그리고 나의 아이를 위해 부디 편협한 사고에서 벗어나길 바란다. 꼭 기억하자! '아는 만큼 보이고, 보이는 만큼 성공한다!'

07

자존감도 대물림된다

중학교 때 만난 한 친구가 있다. 키도 작고, 눈도 작고, 코도 높지 않고, 몸에 살도 좀 있는 친구였다. 외모적 조건으로만 보면 그녀는 밝은 성격을 갖기 어려운 조건이었다. 하지만 그녀는 매사에 유쾌했고 긍정적이었다. 그리고 모든 일에 적극적으로 임했고 늘 주도적이었다. 그녀는 공부도 잘했고 쾌활한 성격 때문에 친구들에게 인기도 많았다. 그래서 3년 내내 반장을 맡았다. 그녀는 늘 자신감에 차 있었다.

반면 나는 키도 크고, 눈도 크고, 코도 높고, 몸에 살도 없었다. 외모적 조건으로만 보면 나는 자신감을 갖기 유리한 입장이었다. 하지만 나는 밝은 척했을 뿐 밝은 아이는 아니었다. 매사에 그녀만큼의 자신감도 없었다. 나 또한 공부를 잘했고 친구들과도 잘 지냈지만 이런 것들이 나의 자신감을 올려주지는 못했다.

그녀와 나는 반장과 부반장의 역할을 맡고 있었다. 그래서 나는 그녀를 관찰할 기회가 많았다. '저 아이는 뭐가 저렇게 즐거운 걸까?' 나는 늘 궁금했다. 처음엔 그녀가 유복한 가정에서 자랐기 때문이라 생각했다. 하지만 우리가 비밀을 털어놓는 사이가 되었을 때 그녀가 들려준 이야기들은 나의 예상을 뒤엎었다.

물론 그녀의 집이 경제적으로 매우 힘든 상황은 아니었다. 하지만 그녀가 속해 있는 가족 관계는 일반적 가정과 매우 달랐다. 그리고 이것은 내게 꽤 충격적이었다. 그녀가 평소 보여 준 모습으로는 상상이 안 가는 상황이었기 때문이다. 나는 그녀가 갖는 에너지의 근원을 늘 찾고 싶었지만 찾을 수 없었다. 그리고 20년이 흐른 후 나는 답을 찾게 되었다.

나는 교육업에 종사하기 때문에 아이들 관련 방송을 자주 본다. 그러다 보게 된 것이 〈EBS 다큐프라임 아이의 사생활 3부 자아존중감〉이었다. 나의 일을 더 잘하기 위해 봤던 방송이지만 가장 큰 수혜자는 나였다. 나는 그 방송으로 그 친구와 나의 차이를 알게 된 것이다. 그것은 바로 자존감의 차이었다.

자존감(Self-esteem)은 말 그대로 자신을 존중하고 사랑하는 마음이다. 이것은 자신의 능력과 한계에 대해 스스로 어떻게 생각하는지 전반적인 의견이기도 하다. 그리고 스스로 가치 있는 존재임을 인식하는 것이다. 그래서 삶의 역경과 싸워 이길 수 있다고 믿는 힘이다. 또한 자신의 노력에 따라 삶에서 성취를 이뤄낼 수 있다는 일종의 자기 확신이다.

자존감이 적당하게 잘 형성된 사람은 자신을 소중히 여긴다. 그리고 다른 사람과도 긍정적인 관계를 유지할 수 있다. 그래서 학교나 직장에서 자신의 능력에 자신감을 보여 잘하는 경향이 있다. 그들은 자신을 지탱해 주는 감정의 심지가 굳건하다. 그래서 다른 사람의 비난이나 어쩌다 하는 실수에 흔들리지 않는다. 그리고 인생의 굴곡 앞에서도 유연하게 대처할 수 있다.

하지만 자존감이 약한 사람은 자신의 실체와는 별개로 남의 시선을 의식하며 살아간다. 자신감이 부족해서 대인관계가 원만하지 않고 열등감도 심하다.

그녀와 나의 차이가 바로 이것이었다. 그녀는 자존감이 높은 사람이었고, 나는 자존감이 낮은 사람이었다. 그녀는 자신을 사랑하고 소중한 사람으로 생각했다. 그래서 특정 사건, 타인의 평가에 자신을 향한 그 마음이 달라지지 않았다. 즉 자신이 선택하지 않은 가족 관계에 큰 의미를 두지 않았다. 그녀는 오직 자신이 할 수 있는 것들에 집중했고 믿음으로 해냈다. 그래서 공부도 잘했고 교우 관계도 늘 좋았다.

반면 나는 나를 사랑하지 않았다. 내가 소중한 사람이라고 생각하지도 않았다. 그래서 남들보다 주목받아야 하고 잘해야 한다는 압박감 속에서 살았다. 그리고 이러한 압박감은 내가 남의 시선을 더 의식하도록 만들었다. 그래서 나는 작은 실수에도 움츠러들었다. 그리고 결과와 상관없이 늘 자신감이 부족하고 열등감이 심했다.

그녀와 나는 왜 이렇게 다른 모습을 갖게 된 걸까? 한 사람의 삶에서 '아이'로 불리는 기간에 한 인간의 가장 많은 것이 결정된다. 아주 작은 상처가 성격을 바꿀 수도 있고, 아주 작은 경험이 삶의 태도를 결정하기도 한다.

태어날 때부터 높은 자존감을 가진다면 좋겠지만, 자존감은 선천적인 것이 아니다. 발달 과학자들의 연구에 따르면 자존감 면에서 갓 태어난 아기는 흰 도화지와 같다고 한다. 그래서 자존감은 아이가 세상에 나와 만나는 사람들, 특히 부모와 조부모, 교사처럼 중요한 타인들과 상호작용을 하면서 만들어진다. "너는 누굴 닮아서 열심히 하는 게 하나도 없니?", "한숨밖에 안 나온다.", "너 때문에 힘들어 미치겠어.", "나중에 도대체 뭐 해 먹고 살래?", "이렇게 쉬운 걸 왜 틀린 거야?" 이러한 비난의 말을 많이 들은 아이는 자신에 대해 긍정적 자아상을 갖기가 어렵다. 그러니 자신에 대한 사랑도 소중한 마음도 갖지 못한다. 이렇게 자신을 사랑할 수 없는 아이는 자신을 믿지 않는다. 그래서 무언가 새로운 것에 도전할 때 성공하지 못할 거라는 마음으로 임한다. 그러니 결과는 아이의 예상대로다. 결과가 좋지 않으니 아이는 또다시 움츠러든다. 그래서 문제가 조금만 어려워 보여도 아이는 도전하지 않으려 한다. 도전하지 않으면 상처받을 일도 없기 때문이다.

이렇게 어릴 때 형성된 낮은 자존감은 삶의 모든 영역에 영향을 준다. 자존감이 낮은 아이는 컴퓨터 게임에 과다 몰입하는 편이다. 혼자 보내는 시간이 많다 보니 사람들과 어울리는 것이 불편하게 느껴진다. 그래서 어른이 되어서도 대인관계가 어렵다. 도전 정신과 끈기도 부족하여 업무 성과도 좋지 않다. 반면 자존감이 높은 아이는 친구들과 함께 하는 활동에 시간을 많이 보낸다. 부모들과도 많은 시간을 보내고 다양한 활동을 균형 있게 한다. 그러니 어른이 되어서도 대인관계와 업무 성과가 좋다.

그렇다면 한 번 형성된 자존감은 변하지 않는 걸까? 좋은 소식이 있다. 자존감은 상황과 시간이 지남에 따라 바뀌는 경향이 있다. 비록 어린 시절부터 형성된 것이어도 자신의 태도와 의지에 따라 바꿀 수 있다. 그리고 자존감은 인생의 모든 면에 영향을 주기 때문에 반드시 끌어올릴 필요가 있다. 자존감을 높이기 위해 우리가 가장 쉽게 접근할 수 있는 3단계 방법이 있다. 첫째, 자신을 용서해라. 둘째, 긍정적으로 생각해라. 셋째, 자신을 격려해라. 나 또한 이 방법으로 자존감을 많이 끌어 올렸고, 과거보다 훨씬 행복한 삶을 살고 있다.

사실 나는 이 3단계의 방법을 알고 실천한 것은 아니었다. 하지만 많은 독서를 통해 나를 바꿀 수 있음을 배웠다. 나는 마음에 들지 않는 과거의 나 그리고 나에게 상처를 줬던 사람들을 용서하려 노력했다. 사실 용서라는 표현을 쓸 만큼 내 인생에 악인이 있었던 것은 아니다. 하지만 나는 어렸고, 나에게 상처를 줬던 사람들에 대한 원망이 있었다. 물론 세상에 태어난 나에 대한 원망이 가장 컸다. 하지만 그러한 원망은 한 번 창에 찔린 나에게 두 번째 창을 찌르는 것과 같았다. 그래서 나는 원망과 후회를 멈췄다. 그리고 나의 강점에 집중하려 노력했다.

많은 책에서는 긍정적 생각의 중요성을 강조한다. 성공자들이 '긍정적 생각의 중요성'에 대해 입을 모아 얘기하는 데는 이유가 있지 않을까? 나는 나보다 훌륭하다고 생각하는 그들의 말을 믿었다. 그래서 긍정적으로 생각하려 많이 노력했다.

물론 단기간에 되는 일도 아니고 쉬운 일도 아니다. 하지만 불가능한 일 또한 아니다. 내가 했던 방법은 긍정적인 말들을 사방에 붙여놓고 매일 보는 거였다. '나는 매일 성장하고 있다.', '나는 최고의 강사다.', '노력은 선물을 준다.', '시간은 내 편이다.', '나는 반드시 성공한다.' 이러한 말들을 매일 보고 읽었다. 그리고 반복 속에서 나는 점점 긍정적으로 변했다. 처음에 저 글들을 읽으면서도 나는 믿지 않았다. 하지만 계속 읽다 보니 믿게 되었고 그 믿음은 현실이 되었다.

마지막으로 내가 실천하기 가장 어려웠던 것은 '자신을 격려하기'였다. 오랜 기간 남의 시선을 의식하고 비교하며 살던 내가 나를 격려하고 칭찬하기까지는 꽤 오랜 시간이 걸렸다. 입으로는 나에게 '괜찮아!', '그 정도면 잘했어.'라고 말하지만 내 안에는 늘 못마땅함이 가득했다.하지만 이 세상에서 끝까지 나와 함께할 유일한 한 사람은 내 자신이다. 즉 평생 내 편은 '나'다. 두 명이 한 팀으로 출전한 테니스 경기에서 내가 내 팀원에게 비난의 말과 상처의 말을 쏟아붓는다면 경기는 어떻게 진행될까? 분명 질 것이다. 이제 알겠는가? 내가 왜 나를 격려해야 하는지.

부모라면 자신의 아이가 낮은 자존감으로 살아가기를 원하지 않을 것이다. 그래서 우리는 반드시 자존감을 끌어올려야 한다. 부모의 자존감은 아이에게 대물림되기 때문이다.

자존감이 높은 부모는 자신의 아이를 보면서 한심하다거나 단점이 많다고 생각하지 않는다. 다른 아이와의 비교를 통해 자신의 아이를 평가하는 일도 없다. 이렇게 부모가 긍정적 피드백을 제공하기 때문에 아이도 의욕적이고 행복하게 살아가는 경우가 많다.

그러니 아이의 자존감을 지키기 위해서라도 우리의 자존감을 돌보자. 이것이 나의 삶과 아이의 삶 모두를 구하는 방법이다.

2장

내 아이만큼은
나와 다르게
살기를 바란다

01

내 아이만큼은 나와 다르게 살기를 바란다

우리에게 가장 이상적인 삶은 어떤 삶일까? 개인의 성향과 지금 처한 상황에 따라 매우 다양한 답이 나올 것이다. 하지만 그것은 인간이 갖는 기본적인 욕구에서 벗어나지는 않을 것이다.

인본주의 심리학자 에이브러햄 매슬로우에 따르면 인간의 내부에 잠재하고 있는 욕구는 가장 기본적인 생리적 욕구부터 가장 고차원적인 자아실현의 욕구까지 총 5단계 수준으로 나뉜다고 한다.

1단계는 '생리적 욕구'다. 이것은 식욕, 수면욕, 성욕 등으로 가장 기본적이면서 중요한 욕구다. 그래서 다른 어느 욕구보다 먼저 충족이 되어야 한다.

2단계는 '안전의 욕구'다. 인간은 생리적 욕구가 충족되면 신체적, 정서적, 경제적으로 안전을 추구한다. 이러한 욕구는 우리 삶의 통제를 잃지 않을까 하는 두려움과 관련이 있다.

3단계는 '소속감과 사랑의 욕구'다. 생리적 욕구와 안전의 욕구가 충족되면 우리의 동기는 삶의 사회적 부분에 집중된다. 인간은 사회적 동물이기 때문이다. 이것은 사회적으로 조직을 이루고 그곳에 소속되어 함께 하려는 성향이다. 이러한 욕구를 충족하기 위해 사람들은 타인과 소통하고, 우정을 쌓고, 애정을 주고받는다. 많은 사람은 사랑과 소속의 욕구가 결핍되었을 때 외로움이나 사회적 고통을 느낀다. 그리고 그들은 스트레스에도 더 취약한 상태가 된다.

4단계는 '존경 또는 존중의 욕구'다. 사람은 다른 사람에게 인정받고 가치 있는 존재가 되고자 하는 욕구를 갖고있다. 이러한 존중 욕구 때문에 사람은 명예를 얻으려 하고 사회단체 내에서 두드러지고 싶어한다. 매슬로우는 이 단계에 자존감과 자기 존중을 포함했다. 그리고 자존감이 충족되지 않을 때 열등감이 생기면서 불안감과 무력감을 느낄 수 있다고 했다.

5단계는 '자아실현의 욕구'다. 사람은 누구나 자신만의 능력, 개성, 잠재력을 갖고 태어난다. 그리고 인간의 자아실현 욕구는 각자 타고난 역량을 최고로 발휘하여 창조적인 경지까지 자신을 성장시키고자 한다. 우리는 다른 능력, 개성, 잠재력을 갖고 있기 때문에 자아실현의 방법도 다르다. 예를 들어 세계적인 발레리나 강수진은 '발레'의 영역에 자아실현을 이뤄냈다. 반면 대한민국 국가대표 손흥민 선수는 '축구'의 영역에서 자아실현을 이뤄냈다.

우리의 욕구를 자세히 살펴본 지금 당신은 무슨 생각을 하는가? 나는 현재 몇 단계에 있는지 생각하고 있는가? 아니면 나에게는 자아실현 욕구가 없는 것 같다고 생각되는가? 그렇다면 내가 현재 1~4단계까지 충족이 된 상태인지 살펴보기를 바란다. 매슬로우에 의하면 자아실현 욕구는 가장 상위에 있는 욕구로 1~4단계의 욕구가 충족되었을 때 비로소 나타난다고 한다. 물론 어떤 연구자들은 이에 동의하지 않는다. 왜냐하면 사람들이 느끼는 욕구의 종류는 같을 수 있으나 욕구 충족의 기준은 다르기 때문이다. 즉, 누군가는 2, 3단계의 욕구가 완벽히 충족되지 않았음에도 4, 5단계의 욕구를 갈망할 수 있다는 것이다. 개인적으로 나도 이 부분에 동의한다. 하지만 지금 나는 편 가르기를 하고자 하는 게 아니다.

이제 다시 한번 생각해보자. 나의 삶은 어느 단계까지 도달해 있는가? 나는 현재 어느 단계에 가장 집중하고 있는가? 내가 가장 갈증을 느끼는 단계는 몇 단계인가? 내가 최종적으로 도달하고 싶은 단계는 몇 단계인가? 만약 1~5단계의 욕구를 모두 충족하지 못한다 해도 나는 행복하다고 자신 있게 말할 수 있는가? 나는 지금 이 삶이 최고의 삶이라고 말할 수 있는가? 자신에게 이러한 질문들을 던지는 것은 굉장히 중요하다. 나의 현 위치를 제대로 알지 못하면 내가 현실에서 겪는 문제의 근본적 원인을 파악할 수 없기 때문이다.

나는 어릴 적부터 무슨 일이 있건 없건 마음이 늘 불안했다. 그리고 돈을 많이 벌어야 한다는 무언의 압박감 속에서 살았다. 이러한 불안한 마음을 다스리기 위해 나는 많은 독서를 했다. 그리고 내게 도움이 되는 강의도 항상 들었다. 하지만 이것만으로 내 마음은 나아지지 않았다. 그래서 나는 좋은 남자를 만나 결혼을 하고 지금보다 더 많은 돈을 벌면 나의 상태가 좋아질 거라고 생각했다. 다행히 나는 하나님의 은총으로 나의 이상형을 만나 결혼했다. 학원을 운영하면서 충분한 수입도 벌기 시작했다. 하지만 나의 불안한 마음과 경제적 압박감에는 변화가 없었다. 결국 나는 심리 상담을 받아볼까 하는 고민까지 하게 되었다. 그 당시 나는 2단계와 3단계에 머무는 상태였다. 즉, 정서적, 경제적 안전 욕구가 강한 상태였다. 내가 이 욕구에 남들보다 집착했던 것은 어릴 적 배경도 있다. 엄마, 아빠의 사랑과 보호를 충분히 받지 못한 환경에서 자랐기에 심리적 불안이 있었다. 그리고 경제적 능력이 없던 아빠와 할머니의 갈등, 엄마가 잘 운영하던 옷 가게가 기울면서 발생한 경제적 어려움은 나에게 경제적 안전의 욕구를 강하게 불러일으켰다.

이렇게 내가 어느 단계에 놓여 있는지 파악하면 나의 상황을 조금 더 객관적으로 바라보게 된다. 그리고 그 단계에 계속 머물지 않기 위해 내가 해야 할 것들에 주목하기 시작한다. 그렇게 다음 단계를 향해 집중하면 지금껏 나를 괴롭혔던 문제로부터 벗어나는 경험을 하게 된다. 그래서 나의 현 위치를 파악하는 것은 매우 중요하다고 할 수 있다. 그리고 이렇게 나의 위치가 파악되었을 때 나의 삶뿐 아니라 아이의 삶에 대해서도 제대로 생각해볼 수 있다.

많은 부모는 내 아이가 나와 다른 삶을 살기를 바란다. 정확히 말하면 아이가 부모보다 더 행복하고 만족스러운 삶을 살기를 바란다. 그들은 그러한 마음 때문에 많은 것을 희생하며 자녀를 지원한다. 그들은 아이가 건강하고 경제적으로 여유 있는 행복한 삶을 살기를 바란다. 아이가 좋아하는 일을 하면서 인정도 받고 돈도 많이 벌 수 있다면 금상첨화라 하겠다. 손흥민 선수나 발레리나 강수진처럼 말이다. 그렇다면 부모가 원하는 아이의 이상적인 삶은 몇 단계까지 충족해야 가능한 삶일까? 인간으로서 가질 수 있는 최고의 욕구인 5단계까지 충족된 삶이 가장 이상적인 삶이지 않을까?

'내 아이만큼은 나와 다르게 살기를 바란다'는 말은 무엇을 의미할까? 예를 들어보자. 한 여성이 있다. 그녀의 욕구는 3단계를 넘어서지 못했다. 안타까운 것은 4단계로 올라갈 의지도 없다는 것이다. 그녀는 타고난 성향과 어릴 적 배경을 앞세워 4단계로 갈 수 없다고 자신을 합리화한다. 그러한 그녀가 5단계로 갈 마음을 내는 것은 더욱 어려운 일이다. 그렇게 그녀는 3단계까지의 욕구를 채우기 위해 열심히 노력하며 살았다. 그리고 세월이 흘러 한 아이의 엄마가 되었다.

그녀는 아이에 대한 애착이 남다르다. 그래서 아이는 자신과 다른 삶을 살 수 있도록 야심 찬 목표들을 세운다. 그리고 아이가 그 목표들을 하나씩 이뤄나가도록 최선을 다해 돕는다. 그녀는 누가 봐도 아이를 사랑하는 멋진 엄마다. 하지만 여기서 우리가 생각해볼 것이 있다. 그녀는 아이의 삶이 몇 단계까지 도달하도록 목표를 설정했을까? 과연 그 목표가 5단계일까? 나는 그렇지 않을 거라 생각한다. 그녀는 4단계와 5단계를 충족했을 때 느끼는 행복을 모르기 때문이다. 이처럼 많은 부모가 아이의 인생 목표를 제대로 설정해주지 못한다. 목표와 방향이 인간이 누릴 수 있는 최고점이 아니니 아이는 삶에서 공허함을 느낄 수밖에 없다. 아이는 분명 대학만 가면 또는 졸업해서 직장에만 들어가면 핑크빛 삶이 펼쳐질 거라 믿는다. 하지만 아이 앞에 펼쳐진 삶은 혼란, 불안, 두려움이 가득하다. 그렇게 아이는 부모와 다른 삶이 아닌 부모와 정확히 같은 삶을 살아간다. 그리고 그 아이는 자신의 아이에게 똑같은 삶을 물려준다.

내 아이만큼은 나와 다르게 살 수 있다. 하지만 자신의 현 위치에 대한 이해와 도전 없이는 어렵다. 그래서 부모가 먼저 자신의 현 위치를 파악해야 한다. 그리고 다음 단계로 올라가려고 도전해야 한다. 부모가 마지막 단계까지 도달하려는 과정에서 겪은 경험과 느낌을 아이에게 보여 준다면 아이 또한 목표를 최고점으로로 잡을 것이다. 그러니 '난 할 수 없어.', '난 너무 바빠.'라는 마음에 지지 말자. 용기를 내보자. 아이가 아닌 나의 단계부터 끌어올리면 내 삶뿐만 아니라 아이의 삶도 달라질 수 있다. 세상 모든 부모와 아이가 자아실현의 단계인 5단계까지 충족하여 인간으로서 누릴 수 있는 최대의 행복을 누리길 응원한다.

02

나부터 내 삶의 주인이 되자

"인간이 참으로 신기한 점은 원하지 않고 좋아하지도 않는 일도 얼마든지 원하는 척, 즐거운 척하며 살 수 있다는 것이다. 타인을 속이는 것뿐만 아니라 나 자신조차도 속인다."

손승욱, 『내 삶의 주인은 누구인가』

당신은 이 말에 동의하는가? 내 삶을 돌이켜보면 나는 이 말에 동의하지 않을 수 없다.

많은 사람이 일상에 치여 '내가 어떤 사람인지', '무엇을 좋아하는지',

'나의 강점은 무엇이고 약점은 무엇인지', '나는 어떤 삶을 살고 싶은지' 인지하지 못한 채 살아간다. 10대에는 입시 준비, 20대에는 취업 준비, 30대에는 결혼, 출산, 육아 등으로 정신없이 사는 것이다. 이렇게 쉼 없이 바쁜 삶을 살다 보니 '나'에 대한 생각을 할 여유는 없다.

그러던 어느 날 문득 공허함이 찾아온다. 그리고 내 안의 자아가 나에게 말을 걸어온다. "너 행복해?" 이 질문에 누군가는 '아니!'라고 누군가는 '응!'이라고 대답할 것이다. 하지만 어떤 대답을 해도 내 안의 공허함은 사라지지 않는다.

내게는 친하게 지내는 대학 후배가 있다. 그녀는 얼굴도 예쁘고 성격도 매우 좋다. 남편은 호주에서 자수성가한 사업가이고 그녀를 매우 사랑한다. 그리고 두 아이는 부모와 좋은 관계를 유지하며 잘 자랐다. 모든 면에서 그녀는 타인의 부러움을 한몸에 받을 수밖에 없는 여자이다. 그리고 누구보다 행복한 여자이다.

그러던 어느 날 그녀에게 알 수 없는 공허함이 찾아왔다. 남편의 사업은 날로 번창하고, 아이들도 잘 자라고 있는데 왜 자신은 이렇게 공허한지 그녀는 혼란스러웠다. 그녀는 사랑하는 남편도 밉고, 사랑하는 아이도 미웠다. 그들은 너무 행복해 보이는데, 자신은 한없이 초라해 보였기 때문이다. 도대체 왜 그녀에게 이런 일이 생긴 걸까?

『오십에 읽는 논어』를 읽어본 적이 있는가? 이 책에서 말하길 인생 전반에는 여러 제약으로 마음대로 살 수 없었다고 핑계라도 댈 수 있지만, 인생 후반은 전혀 다르다는 것이다. 우리는 성인으로 클 때까지는 부모의 결정들을 따를 수밖에 없었다. 그리고 사회에서 경제적 자립을 위해 원하는 것들을 포기해야만 했다. 가정을 꾸린 후에는 가족을 위해 포기해야만 했던 선택도 존재했다. 하지만 인생 후반전은 그 누구를 위한 삶이 아닌 자신을 위해 살아가야 한다. 이런 시기에 스스로 목표를 세우지 않는다면 누군가 정해준 대로 살아야 한다. 즉 인생의 주인으로 살 수 없게 된다.

앞에서 언급했던 그녀는 누구보다 헌신적인 아내이자 엄마였다. 결혼 후 그녀는 자신의 삶을 잠시 내려놓은 채 가족을 중심에 두고 열심히 살았다. 그렇게 수십년을 달려온 그녀는 어느 날 내면의 자아와 마주하게 된 것이다. 그녀의 자아는 그녀에게 쉼 없이 질문을 던졌다. '나는 어떤 사람이지?', '나는 무엇을 좋아하지?', '나의 강점은 무엇이고 약점은 무엇이지?', '나는 어떤 삶을 살고 싶지?' 이러한 질문들에 명확한 대답을 할 준비가 안 되어 있던 그녀는 혼란스러울 수밖에 없던 것이다.

『오십에 읽는 논어』의 저자는 오십이라는 나이에 많은 사람에게 공허함이 찾아온다고 했지만, 그녀에게는 10년 앞당겨 찾아왔다. 그리고 불쑥 찾아온 이 공허함은 지금까지 그녀가 무엇을 위해 살았는지 의문을 가지게 했다. 남편의 사업 번창으로 풍족한 삶을 누리고 있었지만 '그녀만의 삶'을 생각하니 텅 빈 느낌이 든 것이다.

이러한 공허함은 누구에게나 찾아온다. 시기의 차이가 있을 뿐이다. 그러니 '지금 나는 30대라서 상관없는 일이야.'라고 터부시하지 말기 바란다. 나는 이것이 갱년기와 같다는 생각을 해봤다. 갱년기는 시기의 차이가 있을 뿐 남녀 모두 피할 수 없는 생리적 현상이다. 하지만 평소에 몸과 마음의 건강을 잘 챙긴 사람이 갱년기를 더 잘 이겨낸다. 게다가 평소에 몸과 마음을 챙긴다는 것은 현재 삶의 질도 함께 향상된다는 것이다. 그렇기에 이것은 '일석이조'다.

나는 공허함을 이겨내고 삶의 주인으로 돌아간 한 사람을 알고 있다. 바로 나의 엄마다. 엄마도 한동안 공허함으로 힘든 시간을 보내셨다. 하지만 엄마는 굴복하지 않고 여러 가지 도전을 하셨다. 그리고 마침내 자신을 행복하게 만드는 사진이란 분야를 찾아내셨다. 늦은 나이에 시작한 사진이지만 엄마는 집중과 열정으로 노력하셨다. 그래서 남들보다 짧은 기간에 사진작가로 인정받을 수 있는 대회 점수를 달성하셨다. 엄마의 사진들은 교과서에 실릴 정도로 예술성이 남다르다. 엄마의 사진 사랑은 세월이 갈수록 더해진다. 얼마 전에는 차박을 하면서 제주도 한 달 살이를 하고 오셨다. 72세의 노인이 잠자리도 불편한 차박을 하며 한 달 동안 사진을 찍는다는 게 상상이나 되는가? 하루에 2만 보를 걷는 사진 여행이기에 젊은 사람에게도 쉽지 않은 일이다. 하지만 엄마에게 나이는 그야말로 숫자에 불과하다.

그렇다면 우리는 잊고 있던 나를 찾기 위해 무엇을 해야 할까? 배움이다. 초등학교, 중학교, 고등학교 그리고 대학교까지 내내 한 것이 배움인데 또 배워야 한다고? 그렇다. 우리는 배워야 한다. 먼저 '배움'이란 것이 무엇인지 배우자.

배움에는 4가지 단계가 있다.

1단계는 무지의 무지다. 즉 내가 모른다는 사실 자체를 모르는 단계다.

2단계는 무지의 인식이다. 이는 내가 모른다는 것을 아는 단계다. 이 단계에서는 모르는 영역에 대한 관심과 호기심이 생겨난다.

3단계는 의식적 지식이다. 이 단계는 나의 머리에 새로운 지식이 들어온 상태다. 하지만 머리의 지식이 손과 발까지 도달하지 못해 행동하지는 못한다. 그리고 '안다병'에 걸릴 수 있기에 조심해야 할 단계다. '안다병'에 걸리면 '다 안다'는 착각에 빠져 오히려 닫힌 사고를 하고 행동하지 않을 수 있다.

4단계는 무의식적 지식이다. 이 단계는 내가 의식적 노력을 기울이지 않아도 그 지식이 몸에 배어 있는 단계다.

우리는 '삶의 주인으로 살지 않으면 공허함이 찾아온다'는 것을 몰랐다. 하지만 이제는 그 사실을 안다. 그렇다고 우리가 아는 것을 행동으로 옮긴 것은 아니다. 우리는 현재 배움의 3단계에 있다고 봐야 한다. 하지만 진짜 배움은 3단계에서 4단계로 넘어가는 것이다. 그리고 이때 필요한 것이 '반복'이다. 즉 내가 내 삶의 주인이라는 사실을 숨 쉬듯 자연스럽게 알고 행동할 때까지 우리는 의식적인 노력을 해야 한다.

내가 내 삶의 주인이 된다는 것은 무엇을 의미할까? 나를 진심으로 사랑하고 믿는 것이다. 우리는 타인에게는 관대하다. 하지만 자신에게는 혹독하다. 타인에게는 사랑한다고 표현한다. 하지만 자신에게는 사랑한다고 표현하지 않는다. 타인에게는 쉽게 칭찬한다. 하지만 자신에게는 쉽게 칭찬하지 않는다. 타인은 행복할 자격이 있다고 믿는다. 하지만 자신은 행복할 자격이 있다고 믿지 않는다. 타인은 귀한 존재라 생각한다. 하지만 자신은 귀한 존재라 생각하지 않는다. 타인은 해낼 수 있다고 믿는다. 하지만 자신은 해낼 수 없다고 믿는다. 타인은 성공할 거라고 믿는다. 하지만 자신은 성공하지 못할 거라고 믿는다. 타인은 부자가 될 수 있다고 믿는다. 하지만 자신은 부자가 될 수 없다고 믿는다.

이렇게 우리는 잘못된 믿음과 생각들로 내가 삶의 주인이 되는 것을 가로막는다. 그리고 공허함의 진짜 원인이 모두 내 안에 있음을 모른 채 밖에서 원인을 찾으려 한다. 게다가 이러한 방황 속에서 나뿐만 아니라 내가 사랑하는 이들에게도 상처를 준다. 누구보다 자신에게 계속 상처를 준다.

이 모든 과정은 무지함에서 비롯되었다. 잘못된 믿음과 생각들에서 비롯되었다. 그리고 우리는 이러한 무지함에서 벗어나 잘못된 것들을 바로잡을 수 있다. 내가 그렇게 하기로 결단만 하면 된다. 그리고 '내가 내 삶의 주인'이라는 배움이 무의식적 지식이 될 때까지 반복하면 된다. 이것은 선택의 영역이지 능력의 영역이 아니다. 그러니 용기를 내서 잘못된 믿음과 생각을 부수자. 그리고 올바른 믿음과 생각으로 채워 넣자. 우리는 우리가 아는 것보다 훨씬 큰 존재다. 이 사실을 꼭 기억하기를 바란다.

03

인문학을 통해 돈과 사람을 배우게 하자

우리가 사는 지구별에 몇 개의 나라가 있는지 알고 있는가? 공식적으로 등록되지 않거나 나라로 인정받지 못한 나라들을 제외하면 249개국이 있다. 그리고 이 나라들에 79억 5,395만 2,577명의 사람이 살고 있다. 이렇게 많은 사람이 각자의 나라와 문화에서 다양한 삶을 살아가고 있다. 같은 나라와 문화라 하여도 각자가 처한 환경이 다르니 삶의 모습은 더욱 다양하다. 하지만 우리가 지구별에 오는 순간 우리 모두에게는 유일한 목표가 생긴다. 바로 '잘 사는 것'이다.

그렇다면 어떻게 사는 게 잘 사는 것일까? 나는 얼마 전 중등부 친구들에게 물었다. "애들아! 잘 살고 싶지?" 아이들은 이구동성 외쳤다. "네." 라고. 그래서 나는 다시 물었다. "그러면 어떻게 사는 게 잘 사는 거야?" 아이들은 각자의 의견을 내놓기 시작했다. "저는 경제적으로 어렵지 않게 살고 싶어요.", "저는 여행도 많이 가고, 제가 하고 싶은 걸 하면서 자유롭게 살고 싶어요.", "저는 좋은 사람들과 일하고 돈도 많이 벌고 싶어요.", "저는 건강하게 시간적으로 여유 있게 살고 싶어요.", "저는 사랑하는 가족, 친구들과 행복하게 살고 싶어요."

아이들의 대답에 반복적으로 등장한 단어들은 '행복, 성공, 돈, 자유, 건강, 가족, 여유, 친구'다. 이 단어들이 우리에게 굉장히 낯설지는 않을 것이다. 왜냐하면 어른이 된 우리도 이러한 삶을 꿈꾸기 때문이다. 결국 아이건 어른이건 '잘 사는 것'의 의미는 크게 다르지 않다.

모두가 원하는 '행복, 성공, 돈, 자유, 건강, 가족, 여유, 친구'가 충족된 삶이란 어떤 삶일까? 저 조건들이 모두 충족된 삶을 사는 게 가능한 걸까? 이상적인 삶의 표본일 뿐 현실성이 없지는 않을까? '잘 산다는 것'에 너무 많은 단어가 포함되니 성취하기 어렵게 느껴질 수도 있다. 하지만 의외로 간단히 해결될 수도 있다. 답은 두 단어에 있다. 바로 돈과 사람이다.

우리는 사람과 관계를 맺지 않고 살 수 없다. 그리고 돈으로부터 완전히 자유로울 수도 없다. 그래서 이 두 가지는 삶의 필수적 요소이다. 사람과 돈은 우리가 행복하고 자유롭고 건강한 삶을 살 수 있게 해준다. 그리고 그러한 삶을 사는 사람들을 우리는 성공했다고 한다.

돈과 사람은 우리에게 큰 행복과 성공을 주지만 반대로 가장 큰 힘듦을 준다. 부모로서 당신은 이 말에 더욱 크게 공감할 것이다. 종일 나를 웃게 만들던 아이가 사춘기를 맞이하면서 완전 다른 사람으로 변한다. 그리고 그 낯선 모습은 부모를 힘들게 한다. 이렇게 우리는 사람 때문에 웃고 사람 때문에 운다. 돈도 마찬가지다. 여유 돈으로 작게 시작한 주식 시장에 빨간 불이 들어오면 우리는 큰 행복을 느낀다. 이렇게 계속되면 금방 돈을 벌겠다는 자신감도 생긴다. 더 많이 사놨어야 한다는 후회도 된다. 그런데 다음 날 아침 파란불이 뜨더니 하염없이 주가가 떨어진다. 팔아야 할지 말아야 할지 고민하는 사이 원금 손실까지 보게 된다. 그러면 어제 느꼈던 행복은 순식간에 사라진다. 이것이 우리의 삶이다. 그리고 이것이 우리 아이들의 삶이다.

그래서 우리는 돈과 사람을 알아야 한다. 그리고 돈과 사람을 알기 위해서 우리는 배워야 한다. 그렇다면 우리는 돈과 사람을 어디에서 배울 수 있을까? 나는 '인문학'이라고 생각한다. 우리는 돈과 사람을 따로 생각하겠지만 돈은 사람에게 있다. 그래서 인문학을 배워 사람을 알면 돈이 보인다.

예를 들어보자. 나는 영어 학원을 10년째 운영 중이다. 즉 나는 교육서비스업을 하는 자영업자다. 나에게는 세 부류의 고객이 있다. 첫 번째는 영어를 배우러 오는 학생이다. 두 번째는 원비를 지급하는 학부모다. 세 번째는 학원의 운영을 돕는 강사다. 이러한 세 부류의 고객이 만족할 때 나는 돈을 벌 수 있다. 그들의 만족도가 높을수록 나는 더 많은 돈을 벌 수 있다. 하지만 이 중 누구 하나라도 나의 학원에 만족하지 않으면 나는 더 적은 돈을 벌게 된다. 그렇다면 내가 돈을 벌기 위해 집중해야 할 대상은 돈이 아닌 사람이다.

물론 실력이 뒷받침된다는 전제하의 얘기다. 교육을 서비스하는 곳에서 제대로 된 교육 서비스를 못 한다는 것은 자격 미달이다. 이렇게 내가 제공하는 상품에 대해 확신이 있다면 그다음 마음을 쓸 곳은 학생, 학부모 그리고 강사다. 나는 학생, 학부모, 강사의 마음을 잘 이해해야 한다. 그리고 나는 그들과 잘 소통해야 한다. 이처럼 돈을 벌고 싶다면 사람을 배워야 한다.

인문학이란 무엇일까? 인문학은 자연 과학의 상대적인 개념으로 주로 인간과 관련된 근원적인 문제나 사상, 문화 등을 중심적으로 연구하는 학문이다. 자연 과학이 객관적인 자연 현상을 다루는 학문인 것에 반해 인문학은 인간의 가치와 관련된 제반 문제를 연구의 영역으로 삼는다. 인문학에는 여러 가지 연구 영역이 있는데 가장 대표적으로 문학, 역사학, 철학이 있다. 문학, 역사학, 철학이란 말을 들으니 어떤가? 당신에게 이 영역은 익숙한가 아니면 어색한가? 이것들은 우리가 학교를 졸업

함과 동시에 우리 삶에서 사라진 영역이 아닌가? 적어도 내게는 그랬다. 그래서 내게 인문학은 더 어렵게 느껴졌다. 하지만 나도 잘 살고 싶고 내 아이도 잘 살게 만들고 싶다면 반드시 알아야 할 영역이다.

그렇다면 인문학을 배우기 위해 우리는 무엇을 시작해야 할까? 생각과 독서다. 나의 상황에서 가장 고민이 되는 문제에 대해 생각을 한 후 그 부분에 도움을 줄 수 있는 책을 선택하는 것이다. 그리고 책을 읽으며 생각을 정리하여 현실에 적용해보는 것이다.

나는 어릴 적부터 여자 친구들과 어울리는 것이 어려웠다. 그렇다고 친구를 못 사귀는 것은 아니었지만 깊은 관계로 발전하는 데 어려움이 있었다. 그래서 나는 남자 친구들과 어울리는 게 더 좋았다. 여자 친구들 중에서도 남자 같은 성격의 친구들과 어울리는 게 좋았다. 내가 가장 힘들었던 부분은 누군가 자신의 문제를 말하면 내가 해결책을 줘야 한다는 생각이었다. 여자들이 주로 말하는 문제는 남자에 대한 고민이었다. 그리고 대부분은 누가 봐도 헤어져야 하는 상황이다. 그래서 나는 문제의 해결책으로 이별을 말했다. 그러면 그들은 갑자기 남자 친구를 감싸기 시작했다. 도무지 이해가 안 되는 나는 그녀를 계속 설득하려고 했다. 그렇게 2~3시간의 수다에도 우린 어떤 결론도 얻지 못했다. 그래서 이런 시간이 내게는 너무나 곤욕스러웠다. 그리고 사람을 만나는 시간이 아깝다고 생각하게 되었다. 그렇게 나는 나를 고립시켰다.

내가 갖은 가장 큰 문제는 사람에 대한 이해였다. 그녀들이 내게 이야기를 털어놓을 때 내게 답을 달라고 부탁한 적은 한 번도 없다. 그리고 사람들 대부분은 자기가 말을 하면서 생각을 정리한다. 인정하기 싫을 뿐 결론을 내려 해결책도 찾는다. 하지만 남의 입에서 그 결론이 나오길 바라지 않는다. 그래서 누군가 내게 답을 구하는 경우가 아니라면 그냥 들어주는 것이 최고의 소통법이다. 상대방이 더 나은 결론을 내릴 수 있도록 좋은 질문으로 돕는다면 금상첨화다.

내가 이러한 나의 문제와 해결법에 대해 깨닫게 된 것은 많은 책을 읽은 후였다. 인문학이 문학, 역사학, 철학이니까 무조건 이 영역의 책을 읽어야 하는 것은 아니다. 나의 고민과 궁금증에 맞게 읽을 책을 결정하면 된다. 그 당시 나는 사람의 심리, 뇌 작용, 인간관계에 많은 관심을 가졌다. 그래서 나는 그 분야의 책을 많이 읽었다. 그리고 사람에 대한 기본적 이해도를 높였다. 이렇게 내가 변하니 그들의 마음에 공감하며 대화를 할 수 있게 되었다. 그리고 이러한 대화는 서로에게 도움이 되는 경우가 많았다. 게다가 나의 고객들과 소통하는 능력도 자연스레 좋아졌다. 그리고 고객과의 소통 능력은 돈으로 직결되었다.

우리가 원하는 '잘 사는 삶'의 핵심은 사람이다. 사람에게 우리가 원하는 '행복, 성공, 돈, 자유, 건강, 가족, 여유, 친구'가 있기 때문이다.

우리는 모두 사람으로 태어났기에 사람을 안다고 착각한다. 하지만 그렇게 간단히 파악되는 존재가 사람이라면 79억 5,395만 2,577명의 사람이 이미 원하는 삶, 잘 사는 삶을 살고 있어야 한다. 여전히 많은 아이와 어른이 행복의 파랑새를 좇을 뿐 원하는 삶을 살지 못한다. 그러니 책과 경험을 통하여 사람을 배우자. 그리고 내 아이에게도 사람을 배우는 삶을 물려주자.

04

엄마 노릇을 버리면, 엄마 역할이 보인다

얼마 전 나는 가끔 방문하는 블로거의 글에서 가슴 아픈 사연을 읽었다. 그녀는 여행과 자신의 일상을 게시하는 블로거다. 사진도 잘 찍고 글이 시원시원해서 나는 가끔 들리곤 했다. 신혼부부인 그녀는 아기를 갖게 되었고 그 이후 주로 임신 관련 글들을 올렸다. 그러던 어느 날 '21주 중기 정밀 검사 골격 장애(난쟁이 병 의심) 진단'이란 글이 올라왔다. 정밀 검사 결과 아기의 팔, 다리의 발달이 3주 정도 늦다는 것이었다. 이는 골격 장애가 의심되는 상태이고 일명 난쟁이 병으로 불린다. 그녀는 아이의 성장 속도를 높이기 위해 자신이 할 수 있는 일이 없는지 의사에게 물었다. 의사는 이런 경우 엄마가 할 수 있는 것은 없다고 말했다. 그리고 큰 병원에 가도 같은 이야기를 들을 것이라 말했다. 결국 경과를 지켜보는 수밖에 없다는 것이다.

그녀와 남편은 머리가 하얘졌다. 그래서 그들은 만약 아기가 장애를 갖고 있다는 게 확실하다면 최악의 상황으로 아기를 포기할 수 있냐고 물었다. 그것 또한 현행법상 불가하다고 의사는 말했다. 그녀는 자신의 글에 복잡한 심정을 쏟아냈다. 정말 어떤 말로도 위로가 되지 않는 상황이었다. 하지만 그녀와 소통하던 많은 사람은 그녀를 위로하는 댓글을 달았다.

임산모의 가장 큰 바람은 건강한 아기를 낳는 것이다. 이것은 자신이 선택할 수 없는 영역이기 때문이다. 아이를 낳은 후에도 모든 엄마는 아이의 건강을 1순위에 둔다. 적어도 아이가 어릴 때까지는 그렇다.

이렇게 아이의 건강에 모든 관심과 지극 정성을 들이던 엄마가 조금씩 변해 간다. 그리고 그 시기는 주로 아이가 한글을 배우는 시기다. 평소에 그렇게 사랑스럽던 아이가 엄마는 조금 미워지기도 한다.

아이의 공간이 어린이집, 유치원, 초등학교로 이동하면서 엄마는 '학부모'라는 타이틀도 갖게 된다. 이 타이틀은 엄마에게 많은 역할을 준다. 저학년 학생의 숙제는 모두 부모 숙제라고 할 정도로 엄마는 바빠진다. 숙제도 함께 해줘야 하고 준비물도 챙겨줘야 한다. 그리고 학부모 모임에 도 참석해야 한다. 이렇게 역할이 추가되면서 엄마의 방황은 시작된다.

학부모의 타이틀은 굉장히 강한 힘을 갖는다. 그래서 학부모라는 타이틀을 다는 순간 엄마는 아이의 삶에 대한 우선순위를 뒤집는다. 분명 아이를 갖고 낳아 기를 때는 건강이 우선이었다. 하지만 어느 순간 아이의 삶에 공부, 성적, 대학이 우선순위로 들어온다. 그리고 아이의 건강에 큰 적신호가 들어오기 전까지 그 우선순위는 유지된다.

이런 현상이 왜 발생할까? 엄마는 학부모가 되는 순간 경쟁 체제에 놓이기 때문이다. 원하든 그렇지 않든 엄마는 내 아이를 누군가와 비교하게 된다. 그 비교의 대상은 형제, 자매, 친척일 수도 있고 다른 집 아이일 수도 있다. 비교의 대상만 달라질 뿐 비교는 반드시 있다. 그리고 끊임없는 비교는 엄마와 아이 모두를 괴롭힌다. 그리고 이러한 비교는 엄마와 아이의 불안과 두려움을 증폭시킨다.

어느 날 나는 아이들을 대상으로 '내가 공부하는 솔직한 이유'에 대한 설문 조사를 했다.

설문 조사의 질문들은 '나는 왜 공부를 하는가?', '공부가 내 인생에 필요하다고 생각하는가?', '공부를 안 할 때 나에게 돌아오는 불이익은 무엇인가?', '공부를 열심히 할 때 나에게 돌아오는 이익은 무엇인가?'였다.

'나는 왜 공부를 하는가?'에 대한 답은 주로 '대학을 가야 하니까.', '나중에 취업을 하기 위해.', '엄마가 하라고 하니까.', '안 하면 뒤처질 것 같아 불안하니까.'였다.

'공부가 내 인생에 필요하다고 생각하는가?'에는 대부분 '그렇다.'라고 답했다. 그래서 내가 추가적으로 "그럼 공부가 너희들 인생에 도움이 된다고 생각하는 거니?"라고 물었다. 하지만 대부분 아이는 '공부가 인생에 도움이 되는지는 모르겠다.'라고 대답했다. 공부가 인생에 필요하긴 한데 인생에 직접적으로 도움은 안 된다고 생각하는 것이다.

'공부를 안 할 때 나에게 돌아오는 불이익은 무엇인가?'에 가장 많은 대답은 '대학에 못 가고 취업을 할 수 없다.'였고 그다음 많은 대답이 '부모님께 잔소리를 듣는다.'였다.

'공부를 열심히 할 때 나에게 돌아오는 이익은 무엇인가?'에는 '대학에 갈 수 있다.', '취직을 할 수 있다.', '돈을 많이 벌 수 있다.'의 대답이 가장 많았다.

나는 이 설문 조사를 통해 놀라운 한 가지를 발견했다. 30년 전 내가 '공부'에 대해 가졌던 생각과 아이들의 생각이 매우 일치한다는 것이다. 10년이면 강산이 바뀌는 세월이다. 그리고 30년이면 강산이 3번 바뀌는 세월이다.

30년 동안 얼마나 많은 것들이 바뀌었는지 주변을 돌아보면 30년의 위상을 느낄 것이다. 하지만 30년간 바뀌지 않는 유일한 것이 바로 '공부'에 대한 생각이다.

아이들이 답한 내용은 정말 아이들의 생각일까? 물론 일부는 그들의 생각일 것이다. 하지만 대부분은 부모님, 선생님 그리고 주변인들이 주입해준 생각일 것이다. 나 또한 아이들에게 입시 영어를 가르치면서 잘못된 생각들을 넣어주었다. 특히 공부를 해야 하는 이유와 공부를 안 할 때 돌아오는 불이익에 대해 잘못된 얘기를 해줬다. 그래서 나는 아이들에게 너무 미안하고 가슴 아팠다. 그리고 그 당시 내가 더 큰 관점으로 바라볼 수 없었던 것이 후회되었다.

세상에는 공부를 잘하지 못했음에도 성공적인 삶을 사는 사람들이 많다. 내게는 한 명의 친구가 그러한 사례다. 그는 고등학교 시절 내내 농구에 미쳐 있었다. 무릎 관절이 노인처럼 닳을 때까지 농구를 했으니 어떤 사람인지 짐작이 될 것이다. 다행히 그는 키도 크고 실력도 좋았다. 하지만 공부에는 전혀 취미가 없어 보였다. 그렇게 그는 고등학교 내내 방황했다. 그는 군대 제대 후 진로에 대해 심각하게 고민을 시작했다. 그리고 자기가 어쩔 수 없이 선택했던 전공 공부에 관심을 가지게 되었다. 그는 농구에 쏟던 모든 열정을 공부에 쏟았다. 그리고 대학원까지 입학해 학업에 매진했다. 현재는 전문 의약품을 유통하는 회사의 대표로 큰 돈을 벌고 멋진 아빠로 살고 있다.

이 친구는 공부를 못한 게 아니다. 학교 공부에 관심을 느끼지 못했을 뿐이다. 하지만 자신이 사랑하는 분야를 발견하자 누구보다 열심히 공부했다. 그리고 이 친구가 이렇게 열심히 공부할 수 있었던 것은 훈련이 되었기 때문이다. 농구를 뜨겁게 사랑하고 열정적으로 매진하는 훈련 말이다. 하지만 그의 부모가 '학교 공부가 아닌 것은 열심히 할 필요가 없다.'라며 그를 막아섰다면 어떠했을까? 이 친구는 '열정, 노력, 끈기'를 배우지 못했을 것이다. 그리고 그는 지금과 매우 다른 삶을 살고 있을 것이다.

엄마는 세상 누구보다 자신의 아이를 사랑한다. 그래서 엄마는 그 자체로 충분히 훌륭하고 위대하다. 하지만 이러한 엄마의 초심을 위협하는 요소들이 주변에 너무 많다. 그렇다 보니 삶의 우선순위도 엉망이 되고 아이들과의 관계도 엉망이 된다.

엄마는 내 아이가 세상이 정해놓은 길을 따라갈 때 가장 좋아한다. 엄마는 그 길이 가장 안전하다고 생각하기 때문이다. 그래서 아이가 그 길에서 벗어나려 하면 엄마는 큰 불안과 두려움에 휩싸인다. 그리고 그 불안과 두려움 때문에 엄마 역할이 아닌 엄마 노릇을 하려 든다.

아이들은 모두 자신만의 씨앗을 품고 태어난다. 그리고 그 씨앗을 잘 키우는 것이 그 아이가 지구별에 온 이유다. 씨앗이 싹을 틔우기 위해서는 물과 햇빛이 필요하다. 그리고 최초의 물과 햇빛은 부모다. 한 부모는 아이의 씨앗에 두려움과 불안을 준다. “너 그렇게 공부 안 하면 대학도 못 가고 직장도 못 얻어.”라고 소리치면서 말이다. 그러면 아이는 두려움과 불안에 떠밀려 어쩔 수 없이 공부할 것이다. 그렇게 한 공부가 아이를 행복하고 성공적인 삶으로 인도할까?

다른 부모는 아이의 씨앗에 믿음과 책임 부여를 준다. “학생으로서 기본 의무와 책임은 다하는 게 맞아. 하지만 네가 정말 원하는 게 있으면 엄마는 응원할 거야. 너의 삶이니 너에게 선택의 자유가 있어. 그리고 책임도 네가 지는 거야.” 그러면 아이는 공부가 아니더라도 자신에게 맞는 길을 찾을 수 있다고 믿을 것이다. 그리고 그 길이 정해지면 모든 책임을 자기가 져야 하기에 누구보다 열심히 매진할 것이다.

엄마 노릇을 버리자. 그러면 엄마 역할이 보인다. 엄마 노릇과 엄마 역할은 한 끗 차이다. 바로 생각과 믿음이다. 지금껏 갇혀 있던 사고에서 벗어나면 관점이 달라진다. 그리고 내 아이를 올바른 길로 이끄는 엄마 역할이 보인다. 그러니 용기를 내서 엄마 노릇을 버리자.

05

엄마의 생각을 바꾸면 아이의 운명이 바뀐다

"우리 인생은 우리가 생각한 대로 이루어진다. 지금 우리가 서 있는 위치는 우리의 생각에서 비롯된 것이다. 물론 이런 사실을 받아들이기 어려워하는 사람들도 있겠다. 하지만 당신이 바로 지금 이곳에 있기를 원했기 때문에 현재의 당신이 존재한다는 것만큼 분명한 사실은 없다. 그러므로 오늘보다 내일, 지금보다 풍요로운 인생을 살고 싶다면, 당신이 지금까지 갖고 있었던 생각부터 바꾸어야 한다. 현재 어떤 생각을 하느냐에 따라 당신의 창창한 미래가 달려 있기 때문이다."

– 얼 나이팅 게일의『가장 낯선 비밀』

당신은 "당신이 바로 지금 이곳에 있기를 원했기 때문에 현재의 당신이 존재한다."라는 말에 동의하는가? 현재의 삶이 만족스러운 사람은 이 말에 동의할 것이다. 하지만 현재 여러 가지 이유로 힘든 삶을 살고 있다면 이 말에 동의하지 않을 것이다. 이 말에 의하면 우리가 힘든 삶을 원했기 때문에 그 삶이 우리에게 왔다는 얘기다. 하지만 힘든 삶을 원하는 사람은 없다. 우리는 모두 행복한 삶을 원한다. 이렇게 모두가 원하는 것은 행복인데 왜 누군가는 힘든 삶을 살까? 단순히 사주팔자일까?

철의 여인 마가렛 대처의 명언에 그 비밀이 숨겨져 있다.

"생각을 조심하라. 그것이 너의 말이 된다. 말을 조심하라. 그것이 너의 행동이 된다. 행동을 조심하라. 그것이 너의 습관이 된다. 습관을 조심하라. 그것이 너의 인격이 된다. 인격을 조심하라. 그것이 너의 운명이 되리라."

우리는 왜 생각을 조심해야 할까? 떠오르는 생각들이 너무 많기 때문이다. 그리고 떠오르는 생각 대부분은 잡생각이다. 그래서 우리 말에는 "오만 가지 생각이 다 난다."라는 말도 있다. 놀라운 것은 실제로 인간은 하루에 오만 가지 생각을 한다고 한다. 게다가 그 생각의 대부분은 부정적인 생각이다. 생각은 생각으로 그치지 않는다. 반드시 말에 영향을 준다. 예를 들어 평소에 자신이 살쪘다고 생각하는 여자가 있다. 그녀는 음식 앞에서 자주 이 말을 한다. "살쪄서 많이 먹으면 안 되는데…." 물론

이 말과 상관없이 그녀는 많이 먹을 수 있다. 어차피 먹을 건데 저 말은 왜 하는 걸까? 그녀 스스로 살이 쪘다고 생각하기 때문이다. 이것은 객관적으로 그녀가 살이 찐 상태든 아니든 상관없다.

이렇게 생각은 말에 영향을 준다. 물론 의도적으로 생각과 다르게 말하는 사람도 있다. 이런 말을 우리는 빈말이라고 한다. 하지만 무의식적으로 자주 쓰이는 말에는 그 사람의 진짜 생각이 담겨 있다.

이렇게 생각의 뿌리에서 나온 말은 행동에까지 영향을 미친다. 평소에 욕과 비속어를 많이 말하는 사람을 보면 알 수 있다. 그들은 행동이 거칠고 배려가 없으며 예의와는 아주 거리가 멀다.

그리고 언제든 튀어나오는 비속어와 거친 행동이 반복되어 그들의 습관으로 정착된다. 그러면 생각하지 않아도 그들은 언제든 거친 말과 행동을 하게 된다. 이러한 습관을 갖은 사람이 매우 훌륭한 인격을 가질 수 있을까? 본인 스스로 자신을 훌륭한 사람이라고 착각할 수는 있다. 하지만 남들에게 훌륭한 인격체로 보이지는 않을 것이다.

이처럼 생각은 한 사람의 운명을 지배한다. 그래서 우리는 생각을 알아차리고 선택해야 한다. 하지만 떠오르는 생각을 즉시 알아차리는 게 쉽지 않다. 그래서 우리는 훈련을 해야 한다. 가장 쉽게 해볼 수 있는 방법은 '감정 알아차리기'다. 생각은 감정과 연결되어 있기 때문이다.

엄마가 한동안 홈쇼핑에서 물건을 계속 산 적이 있다. 택배 상자가 매일 집으로 왔다. 그런데 그 물건 모두가 엄마에게 필요해 보이지는 않았다. 실제로 사 놓고 사용하지 않는 물건들도 많았다. 나는 이 상황이 좀 이해가 안 되었다. 그래서 어느 날 엄마에게 물었다. "엄마, 쓰지 않을 물건들을 왜 계속 사?" 엄마는 대답했다. "나도 모르겠는데 방송을 보고 있으면 사야 될 거 같아." 나는 말했다. "엄마, 그러면 홈쇼핑을 보지 말아 봐. 그러면 사고 싶지 않을 거야." 이렇게 우리의 대화는 종료되었다. 엄마도 자신의 쇼핑이 합리적이지 않다고 생각하셨고 쇼핑을 멈췄다.

여기서 내가 놓쳤던 것은 엄마의 감정이었다. 엄마가 필요 없는 줄 알면서 계속 쇼핑을 한 데는 감정적 이유가 있었다.

엄마는 늘 주도적으로 씩씩하게 지내신 분이다. 사진작가로서 출사도 많이 가셨고 나태주 시인에게 시도 배우러 다니셨다. 그런 활동적인 분이 코로나로 집에만 갇혀 있게 되었다. 나는 학원 출근이라도 했지만 엄마는 모든 활동을 접고 집에만 계셨다. 금방 괜찮아질 거라 생각한 코로나는 끝날 기미가 보이지 않았다. 그리고 엄마는 자신도 모르게 '코로나 블루'를 앓고 있었다. 그래서 자주 우울감이 찾아왔다. 우울증 환자들에게 쉽게 나타나는 증상이 충동구매다. 쇼핑이 주의를 딴 곳으로 돌려 불편한 마음을 달래주기 때문이다. 그리고 자신이 사고 싶은 것을 마음껏 사는 동안 일시적으로 자존감도 고양된다. 엄마 또한 우울감 때문에 충동구매를 하는 거였다. 엄마는 다행히 자신이 우울감 때문에 비이성적으로 생각하고 쇼핑했다는 것을 알아차리셨다. 그리고 멈추셨다. 그런 후 나에게 자신이 왜 계속 쇼핑을 했는지 설명해주셨다. 나는 엄마가 자신의 감정과 생각을 알아차려 다행이라 생각했다. 하지만 한편으로는 미안한 마음이 컸다. 일이 바쁘다는 핑계로 엄마에게 신경 쓰지 못했기 때문이다.

이렇게 자신의 감정을 알아차리는 것은 생각을 알아차리고 더 나아가 행동을 알아차리는 좋은 훈련이다. 그리고 이런 작은 훈련으로 우리는 삶 전체를 바꿀 수 있다. 게다가 부모라면 나의 삶뿐 아니라 자녀의 삶도 바꿀 수 있다. 『백만불 짜리 습관』의 저자 브라이언 트레이시는 '낙관적 사고'와 '비관적 사고'가 삶에 어떤 영향을 주는지 말했다. 그의 말을 들어보자. "수만 명의 성공한 사람들을 인터뷰하면서 알게 된 최고의 자질은 낙관주의다. 성공한 사람들은 낙관주의자들이다. 그들은 그들 자신과 그들의 미래에 낙관적이다. 그들은 대부분의 시간 동안 그들이 원하는 것에 대하여 생각한다. 그리고 그것을 얻는 방법에 대해 생각한다. 하지만 비관주의자들은 그들이 원하지 않는 것, 그들의 문제들, 그리고 비난할 사람들에 대해 생각한다.

낙관주의자들은 그들의 미래와 그들이 어디로 향하고 있는지에 대해 생각한다. 하지만 비관주의자들은 과거와 과거에 그들에게 상처를 준 사람들에 대해 생각한다. 낙관주의자들은 과거를 흘려보낸다. 왜냐하면 과거에 대해 그들이 할 수 있는 것은 아무것도 없기 때문이다. 하지만 비관주의자들은 과거를 붙들고 산다. 왜냐하면 그것이 그들이 가진 전부이기 때문이다."

누군가는 생각할 수 있다. 만약 타고나길 비관주의자라면 어떻게 해야 하지? 물론 타고난 기질에 따라 조금 더 낙관적, 비관적일 수는 있다. 하지만 우리는 생각을 선택할 수 있다. 우리 안에서 부정적인 생각들이 올라오는 것은 자연스러운 현상이다. 그래서 우리는 그 생각들을 알아차리는 연습을 해야 한다. 하지만 이렇게 올라온 부정적 생각들에 나를 맡기지는 말자. 그것들은 내가 부정적인 말을 하게 만든다. 그리고 그 부정적 말은 부정적 행동으로 연결된다. 이런 부정적 행동의 반복은 부정적 습관과 인격으로 연결된다. 그리고 그것은 결국 나의 운명이 된다. 그러니 부정적 생각을 인지하는 순간 우리는 멈춰야 한다. 그 생각이 떠오르는 순간 '또 시작이군! 사양할게! 사라져!'라고 외쳐보자. 거짓말처럼 그 생각이 사라지는 것을 경험할 것이다.

아이는 부모의 거울이다. 아이는 부모가 자주 보여주는 감정을 따라서 느낀다. 부모의 생각을 따라간다. 부모의 말을 흉내 낸다. 부모의 행동을 그대로 따라 한다. 그렇게 부모의 습관과 인격은 아이의 습관과 인격이 된다. 그리고 결국 부모의 운명이 아이에게 대물림된다. 그러니 나의 삶과 아이의 삶을 위해 생각을 조심하자. 그러기 위해 감정을 알아차리자. 작은 생각의 변화가 삶의 큰 변화를 가져올 것이다.

06

세상이 원하는 아이로 키워라

두 달 전 조카의 돌잔치에 다녀왔다. 생일 당사자인 아이는 기억도 못하겠지만 부모와 아이를 사랑하는 이들에게는 매우 뜻깊은 날이다. 특별한 날인 만큼 부모도 아이도 한껏 차려입고 행사가 진행되었다.

마음을 울리는 음악에 맞춰 추억의 사진들이 띄워지고, 모든 이의 눈가가 촉촉해졌다. 그리고 마지막은 돌잔치의 꽃이라 할 수 있는 '돌잡이'가 진행되었다. 돌잡이는 '실, 돈, 곡식, 붓, 활, 책, 국수' 등을 준비해서 어떤 것을 고르는지에 따라 그 아이의 장래 운명을 점치는 한국의 풍습이었다. 지금은 시대의 변화에 맞게 돌잡이 용품도 다양해졌다. 주로는 부모의 취향에 따라 돌잡이 용품이 정해진다. 요즘 많은 사람이 선택하는 기본 구성은 '돈, 연필, 마이크, 청진기, 판사 봉, 명주실, 마패, 축구공'이다. 돌잡이란 것이 한 번에 성공하기가 어려워 사회자는 종종 진땀을 뺀다. 아이의 선택이 부모의 마음에 들지 않아 부모가 다시 하자고 하는 경우도 있다. 대부분 부모는 아이가 돈이나 연필을 잡기를 바란다. 하지만 아이에게 돈과 연필은 어떤 흥미도 일으키지 않는다. 그럼에도 불구하고 부모는 아이의 손에 돈과 연필을 끝까지 쥐어준다. 그렇게 해야 아이가 경제적으로 어렵지 않게 살 거라는 무의식 속에 믿음이 있는 듯하다.

우리의 조상들은 왜 돌잡이를 했을까? 그리고 우리는 왜 그 전통을 지금까지 이어오고 있을까? 아이가 무엇을 잡든 그것이 아이의 운명을 정할 수 없다는 것을 알면서도 말이다.

시대가 변해도 부모의 마음은 변하지 않기 때문이다. 세상에서 가장 소중한 나의 아이가 누구보다 행복하게 살기를 바라는 그 마음 말이다. 하지만 우리는 그 마음을 조금 더 객관적으로 바라볼 필요가 있다. 가끔 그 마음이 욕심으로 얼룩지기 때문이다. 또는 부모의 편협한 사고에 의해 '세상이 원하는 아이'가 아닌 '부모가 원하는 아이'로 키우기 때문이다.

'부모가 원하는 아이'는 어떤 아이일까? 부모의 말에 순응하고, 공부를 열심히 하고, 큰 사고를 일으키지 않는 아이일 것이다. 부모가 제시하는 방향에 따라 대학에 가고, 안정적인 직업을 선택해 경력을 쌓는 아이일 것이다. 그렇게 안정적 삶이 확보되면 사랑하는 배우자를 만나 결혼을 하는 아이일 것이다. 물론 공부를 아주 잘해서 '사'가 붙는 직업을 갖는다면 더욱 흡족할 것이다. 아이들의 부모는 모두 다르다. 하지만 '부모가 원하는 아이'는 크게 다르지 않다. 그렇다면 세상도 모든 부모가 원하는 그 아이를 원할까?

나는 학부모를 대상으로 독서 모임을 진행한다. 영어 학원장이 왜 독서 모임을 진행하나 의아한 사람도 있을 것이다. 내가 이 독서 모임을 해야겠다고 마음먹은 이유는 하나다. 아이를 도우려면 엄마를 도와야 하기 때문이다. 아이의 생각과 의사결정은 엄마의 생각과 의사결정을 뛰어넘기 어렵다. 그래서 나는 엄마가 생각을 바꾸고 확장하도록 돕는 것이 급선무라 생각했다. 그래서 오랜 고민 끝에 이 독서 모임을 MF Care (Mom's Future Care)라고 이름 지었다.나는 이 독서 모임에서 다양한 책을 다룬다. 영어 학원장이 이끄는 독서 모임이니 '영어 또는 교육' 관련 책을 다룰 거라 예상했다면 아쉽게도 모두 틀렸다. 나는 '돈, 경제 그리고 인문' 관련 책을 다룬다. 사람을 모르면 돈을 잘 벌 수 없고, 돈을 잘 벌지 못하면 만족스러운 삶을 살기 어렵다. 그래서 '돈, 경제 그리고 인문' 관련 독서는 선택이 아닌 필수다.

혼자 다양한 독서를 하는 것도 충분히 좋다. 그러나 독서 모임에 참여하는 것은 여러 가지 장점을 갖는다. 우선 독서 편식이 없어진다. 나는 남편을 만나기 전까지 독서 편식이 굉장히 심했다. 그리고 이러한 독서 습관은 나의 사고를 편협하게 만들었다. 편협한 사고로 내리는 결정이 최고의 선택일 수는 없다. 그래서 나는 많은 돈과 시간을 잃게 되는 경험을 했다.

독서 모임에 참여하는 것은 핵심을 요약하는 능력과 표현력을 키워준다. 혼자 독서를 할 때는 '아~ 그렇구나!'에서 끝나는 경우가 대부분이다. 하지만 독서 모임은 읽은 부분에 대한 서로의 생각을 나눈다. 그렇기 때문에 요약하는 힘과 표현력이 향상된다.

마지막으로 독서 습관이 정착된다. 책 읽는 것이 좋다는 것을 모르는 사람은 없다. 한 권 두 권 읽는 것은 누구나 할 수 있다. 하지만 꾸준한 독서는 의지의 힘만으로 부족하다. 독서 모임은 일정 분량을 먼저 읽고 참여하는 방식이다. 그렇기 때문에 꾸준한 독서를 할 수밖에 없다. 만약 당신이 이러한 독서 모임의 혜택을 원한다면 내가 운영하는 'MF Care'에 초대한다. 당신은 관점의 변화와 사고의 확장을 경험하게 될 것이다.

얼마 전부터 시작한 『이카루스 이야기』는 내가 가장 좋아하는 저자 세스 고딘의 저서다. 내가 독서 모임 책으로 이 책을 선택한 이유는 관점의 변화를 위함이었다.

당신은 그리스 신화인 '이카루스의 날개'를 알고 있는가? 미노스 왕의 미움을 산 다이달로스는 자신의 아들 이카루스와 함께 크레타 섬에 갇힌다. 하지만 손재주가 뛰어난 다이달로스는 멋진 탈출 계획을 세운다. 새의 깃털을 모으고 밀랍을 녹여 붙인 후 날개를 만들어 섬을 탈출하는 계획이었다.

모든 탈출 준비를 마친 아버지 다이달로스는 아들 이카루스에게 신신당부했다. "너무 높게 날지 말거라. 태양 가까이 가면 밀랍이 녹을 수 있다. 그러면 날개를 잃고 바다로 떨어질 수 있다. 명심해라." 하지만 이카루스는 하늘을 나는 게 너무 신기하고 황홀해 아버지의 말을 까맣게 잊었다. 그리고 그는 점점 높이 올라갔고 밀랍은 녹아내렸다. 그렇게 그는 날개를 잃고 바다에 떨어져 죽음을 맞이했다.

많은 사람은 이 이야기의 교훈으로 '자신의 능력을 과대평가하지 말라.', '자만하지 말라.' 등을 생각할 것이다. 나 또한 그랬다. 하지만 세스 고딘은 '너무 높게 나는 것'보다 '너무 낮게 나는 것'이 더 위험할 수 있다는 목소리를 냈다. 왜냐하면 낮게 날면 우리는 '안전하다'고 생각한다. 그리고 안전하다는 생각은 긴장을 풀게 만든다. 하지만 너무 낮게 날다가 날개가 젖어 물에 빠져 죽을 수도 있다.

세스 고딘은 우리 삶에 안락지대와 안전지대가 있다고 말한다. 안전지대는 삶과 비즈니스가 우호적인 환경에서 순조롭게 진행되는 영역을 말한다. 하지만 이러한 안전지대는 외부 환경의 영향을 받는다. 따라서 시대가 바뀌면 안전지대도 그에 맞게 옮겨 간다. 안락지대는 우리가 편안함을 느끼는 영역을 말한다. 이 영역에서 우리는 습관적으로 행동하면 된다. 그래서 어떠한 긴장감이나 두려움이 없다. 사람들은 안락지대를 좋아하고 벗어나려 하지 않는다.

우리의 삶은 이 두 영역을 조율해가는 과정이라고 할 수 있다. 문제는 안락지대를 안전지대로 착각할 때 발생한다. 시대의 변화에 따라 안전지대는 옮겨갔는데 많은 사람은 안락지대를 안전지대라 착각한다. 그래서 그들은 머뭇거리며 안락지대를 붙잡는다. 새로운 변화의 흐름에 저항하면서 말이다.

많은 부모는 자신의 삶뿐 아니라 아이의 삶도 안락지대에 가두려 한다. 그 영역이 안전하다고 생각하기 때문이다. 하지만 부모가 짜놓은 아이의 로드맵이 '안전한 길'이라고 어떻게 장담할 수 있는가? 내가 가보니 안전해서 아이에게 그 길을 권해주는가? 안타깝게도 안전지대는 시대의 변화에 따라 옮겨간다. 부모 세대에 안전했던 길이 더 이상 안전하지 않을 수 있다는 의미다.

그래서 우리는 끊임 없이 배우고 관점을 추가해야 한다. 나의 눈이 세상의 눈을 따라갈 수 있도록 말이다. 바로 그때 우리는 '부모가 원하는 아이'가 아닌 '세상이 원하는 아이'로 키울 수 있다. 아이가 '안락지대'에 갇혀 '안전지대'로 가지 못하는 일은 없어야 한다. 또한 내 삶도 안락지대가 아닌 안전지대로 옮겨 가야만 한다. 그러니 끊임없이 배우자. 늦었다고 생각할 때가 가장 빠른 때다.

07

시대가 주는 운을 내 편으로 만드는 아이로 키워라

새해가 밝으면 많은 사람으로 붐비는 세 곳이 있다. 바로 운동 센터, 영어 학원 그리고 철학관이다. 왜 우리는 새해에 이곳으로 몰려갈까? 올해만큼은 다르게 살고 싶은 마음 또는 더 잘 살고 싶은 마음 때문일 것이다. 운동 센터와 영어 학원은 새해에 좀 더 열심히 살겠다는 의지의 마음을 나타내는 곳이다. 반면 철학관은 과연 나의 노력이 빛을 발할 수 있는지 미래를 점쳐보는 곳이다. 그래서 우리는 운동 센터와 영어 학원보다 철학관에 더 큰 기대를 갖고 방문한다.

내가 '사주'라는 말을 처음 알게 된 것은 대학교 4학년 때이다. 나는 학교 근처에 새로 오픈한 사주카페가 궁금해 친구와 방문했다. 젊은 남자가 운영하는 카페였는데 음료를 주문하면 고객의 사주를 봐줬다. 그 당시 나는 경제적으로도 심적으로도 너무나 힘든 시기였다. 그래서 그 남자의 입에서 제발 내가 좋은 운을 타고났다는 말을 듣고 싶었다. 그는 우리의 생년월일, 태어난 시간 등의 정보를 물었다. 그런 후 종이에 무언가를 적기도 하고 손가락으로 무언가를 계산하기도 했다. 우리는 조용히 그의 행동을 지켜보며 기다렸다.

계산이 끝났는지 그는 입을 열었다. 그는 내 친구가 모든 면에서 운이 좋다고 말했다. 재물복, 남편복, 부모복 모두가 아주 좋다며 내 친구보다 자신이 더 신나서 말을 했다. 이렇게 좋은 얘기를 들으니 나도 나의 사주에 대한 기대감이 한껏 부풀어 올랐다.

하지만 나의 사주 종이를 펼친 그는 씁쓸한 표정을 지었다. 그는 어렵게 입을 열었다. 내 친구에게는 있던 재물복, 남편복, 부모복이 내게는 전혀 없다는 것이었다. 그런데 다행히 일복은 타고 났으니 본인이 노력하면 지금보다 상황은 나아질 수는 있다며 그는 나를 위로했다. 그래서 내가 물었다. "사주는 절대 변하지 않아요?" 그는 대답했다. "큰 운은 변하지 않아요. 하지만 작은 운은 변할 수 있어요."

어린 내게 '큰 운'과 '작은 운'이 어떻게 다른지 이해는 안 되었다. 하지만 내 귀에 꽂힌 것은 '변할 수 있어요.'였다. 그래서 나는 나의 운을 바꾸는 모험을 시작했다.

우리에게 '타로 마스터'로 알려진 정회도 작가는 사람들이 세상을 바라보는 네 가지 관점을 『잘될 운명으로 가는 운의 알고리즘』에 정리해놓았다.

1. 바꿀 수 없는 것을 바꾸려 함. 이것을 '어리석음'이라 한다.
2. 바꾸 수 있는 것을 바꾸지 않음. 이것을 '나태함'이라 한다.
3. 바꿀 수 없는 것을 받아들임. 이것을 '평온함'이라 한다.
4. 바꿀 수 있는 것을 바꾸려 함. 이것을 '용기'라 한다.

그리고 바꿀 수 있는 것인지 바꿀 수 없는 것인지 구별하는 것을 '지혜'라 한다.

내가 사주카페에서 그 남자의 말을 듣고 '나는 안 될 운명인가 보다.'라고 포기했다면 '나태함'에 속할 것이다. 내가 이미 주어진 '부모복'을 바꾸려 한다면 그것은 '어리석음'일 것이다. 하지만 나는 바꿀 수 있는 것을 바꾸는 '용기'를 택했다. '부모님'은 바꿀 수 없는 영역이지만 '재물'과 '남편'은 바꿀 수 있는 영역이기 때문이다. 게다가 나는 스스로 '부모복'이 없다고 생각하지 않았다. 물론 화목한 가정에서 유복하게 자란 친구와 나를 비교한다면 '부모복'이 덜 하다고 생각할 수 있다. 하지만 엄마와 아빠가 부모에 대해 모든 것을 알고 부모가 되지는 않았다. 그리고 두 분이 우리를 버리고 도망간 것도 아니었다. 그래서 나는 그 부분에 대해서는 크게 마음을 쓰지 않았다.

어린 나이의 나는 무엇을 바꿔야 하고 무엇을 받아들여야 할지 구별하는 지혜가 없었다. 그래서 시행착오 속에서 '평온함'보다는 '상처'로 가득 찬 20대를 보냈다. 하지만 나는 내 삶을 포기하지 않겠다는 '용기'로 버텼다. 그리고 내가 이렇게 버티면 시간은 반드시 나에게 더 나은 삶을 줄 거라 믿었다.

결론적으로 말하면 나는 내 이상형에 완벽히 일치하는 남자를 만나 결혼했다. 그리고 그의 사랑 속에서 행복한 삶을 살고 있다. 그러니 남편복이 없다는 말은 성립되지 않는다. 그리고 운명처럼 '영어'를 만나 경력을 쌓으며 부도 함께 쌓았다. 그러니 재물복이 없다는 말도 성립되지 않는다.

그렇다면 타고난 운을 점치는 '사주명리학'은 거짓일까? 나는 '명리학'은 하나의 학문으로 존중받아야 한다고 생각한다. 그리고 사람은 저마다 타고난 운이 있다고 생각한다. 그래서 가끔 타로도 보고 운세도 본다. 하지만 좋은 얘기가 나오면 희망을 얻고 나쁜 얘기가 나오면 주의할 뿐 그것을 맹목적으로 믿지는 않는다. 엄마는 늘 말씀하셨다. "큰 부자는 하늘이 내지만, 작은 부자는 스스로 만든다."라고. 나는 엄마의 말씀을 믿는다. 그래서 바꿀 수 있는 것을 바꾸는 용기와 바꿀 수 없는 것을 받아들이는 평온함을 유지하려 노력한다.

나는 정회도 작가의 『운의 알고리즘』에서 재밌는 표현을 하나 알게 되었다. 바로 '운성비'다. 그의 말에 의하면 '가격 대비 성능'의 '가성비'가 있듯이 '운 대비 성능'의 '운성비'도 있다는 것이다. 운성비는 작은 노력 대비 운을 끌어올리는 힘이기에 잘 활용하면 좋다. 운성비를 높이는 방법에는 여러 가지가 있겠지만 그의 추천은 '긍정의 표현'이다.

나는 어둡고 부정적인 아이였다. 태어날 때부터 그렇지는 않았을 거다. 하지만 나에게 심어진 잘못된 믿음과 생각들로 부정적인 아이가 되었다. 이렇게 부정적인 내가 변화게 된 계기는 독서였다.

처음에 나는 주로 자기계발서를 많이 읽었다. 책에 담긴 많은 사람의 성공 이야기는 내 가슴을 뛰게 했다. 그리고 나도 더 멋진 인생을 살고 싶다는 욕심을 갖게 해주었다. 미래에 대한 희망과 나도 할 수 있다는 믿음은 나를 긍정적인 사람으로 변화시켰다. 그리고 내가 긍정적으로 변하니 주변에 좋은 사람이 모이기 시작했다. 그 사람들은 내가 예상하지 못한 많은 기회로 나를 연결해줬다.

대형 어학원에서 스피킹 강사로 근무하던 시절의 일이다. 그 당시 나는 건강이 안 좋아 학원 근처 헬스장으로 운동을 다녔다. 이미 긍정적으로 변한 상태의 나는 삶의 욕심을 갖고 살았다. 그래서 시간 활용을 위해 러닝머신 위에서 항상 단어를 외웠다.

그러던 어느 날 한 여자분이 내게 다가와 말을 걸었다. 그녀는 운동을 와서까지 단어를 외우는 내가 신기해 지켜봤다며 운동 후 차를 마시자고 제안했다. 그렇게 우리의 인연은 시작되었다.

목동 어학원에서 영어를 가르쳤던 그녀는 천안으로 내려와 과외를 하고 있었다. 그녀는 강사와 과외의 장점과 단점을 비교해주며 나에게 과외를 해보라고 권해줬다. 내가 가보지 않은 길이라 나는 조금 겁이 났다. 하지만 그녀는 자신의 노하우를 아낌없이 나눠줬다. 약간의 고민 끝에 나는 다시 한 번 '내가 바꿀 수 있는 것을 바꾸는 용기'를 냈다. 내게 주어진 운을 놓치지 않고 내 편으로 만들면서 말이다.

그녀의 조언에 따라 나는 천안에서 가장 큰 입시 학원에 찾아가 이력서를 냈다. 당시 그 학원은 스피킹 강사를 구하지 않는 상태였음에도 말이다. 나는 자신있게 나의 경력과 강점을 어필하였고 결국 채용되었다. 입시의 세계에 발을 딛은 나는 그녀와 함께 영어 스터디를 하며 실력을 쌓았다. 그렇게 모든 준비가 되었을 때 나는 고액 과외 선생님으로 나만의 커리어를 쌓아나갔다. 그리고 적절한 때가 되었을 때 학원을 오픈하였다.

12년째 인연을 맺어 언니 동생으로 지내는 그녀는 내게 귀인이다. 그녀로 인해 나의 삶에 큰 변화가 있었기 때문이다. 하지만 내가 과거의 부정적 모습 그대로였다면 그녀가 내게 말을 걸었을까? 그리고 내가 '바꿀 수 있는 것을 바꾸는 용기'가 없었다면 그녀의 조언을 따랐을까? 그렇지 않을 것이다.

삶의 모든 기회와 운은 사람으로 인하여 온다. 하지만 우리는 먼저 그 기회와 운을 잡을 수 있는 준비가 되어 있어야 한다. 그 첫 번째 준비는 '긍정적 마음, 긍정적 표현'이다. 모든 책에서 '긍정적 마음'의 중요성을 강조하니 누군가는 조금 뻔하다고 생각할 수 있다. 하지만 역으로 생각해 보면 그 뻔한 '긍정적 마음'을 왜 그렇게 강조하겠는가? 지구별의 변하지 않는 원칙이기 때문이다. 그러니 나의 마음도 아이의 마음도 조금 더 긍정적으로 될 수 있도록 노력해보자. 시대가 주는 운을 나와 아이의 편으로 만들 수 있을 것이다.

3장

금융 IQ는 부모가 줄 수 있는 가장 큰 선물이다

01

내 아이는 자본주의 세상에 맞설 준비가 되어 있는가?

내가 MF Care(Mom's Future Care) 독서 모임을 시작하기로 결심 한 그날이 기억난다. 나는 하루 일과를 마치고 남편과 도란도란 이야기를 나누고 있었다. 우리 부부는 취침 전 '하루 중 가장 좋았던 일'과 '깨달은 것'에 대해 늘 대화한다. 가끔은 이야기가 너무 길어져 늦게 자는 부작용이 있지만 우리에겐 아주 소중한 시간이다. 그날따라 나는 마음이 답답했다. 그래서 나의 심정을 그에게 털어놓았다.

내가 아이들과 함께한 지 벌써 20년이다. 그리고 참 많은 것이 바뀌었다. 하지만 아이들이 살아가는 모습과 앞으로 그들이 살아갈 모습에는 변화가 없어 보였다. 그 모습이 나는 너무나 안타까웠다. 학교 공부에 이미 지친 아이들은 좀비처럼 온몸을 축 늘어뜨린 채 학원으로 온다. 학원으로 오는 발걸음이 가벼울 리 없으니 아이의 마음도 즐겁지 않다. 머리로는 공부의 필요성을 이해한다 해도 마음에서는 공부를 밀어낸다. 그러니 집중력이 좋을 수 없고 학업 능률이 오를 수 없다. 꾸역꾸역 할 것을 마친 아이는 다시 무거운 발걸음을 집으로 옮긴다. 하지만 집에서 아이를 기다리고 있는 것은 숙제와 엄마의 잔소리다.

학교 공부란 것이 즐거운 사람은 많지 않을 것이다. 새로운 것을 알아가는 흥미와 재미에 빠진 몇몇 아이들이 있지만 대부분 그렇지 못하다. 공부의 끝에는 항상 시험이 기다리고 있기에 더 그렇기도 하다. 하지만 공부는 '노력과 인내'를 키우는 최고의 훈련이다. 내가 성인이 되어 선택한 일에 '열정, 끈기, 노력의 힘'을 발휘했던 것도 미련하리만큼 지독하게 공부했던 훈련 덕분이었다. 문제는 우리가 속한 자본주의 세상에서 '노력과 인내'의 훈련만으로는 부족하다는 것이다. 공부를 열심히 하고, 좋은 성적을 받고, 좋은 대학에 들어가고, 좋은 직장에 취업해서 열심히 살아가는 사람은 아주 많다. 하지만 쉬지 않고 일하는데 그들의 삶은 여전히 힘들다. 왜 그럴까? 우리가 사는 '자본주의 세상'을 모른 채 살기 때문이다. 안타까운 것은 부모가 모르는 것을 아이에게 알려줄 수 없다. 그래서 부모가 겪은 어려움을 아이도 겪는다. 나는 이런 현실이 그저 안타까웠다. 그래서 나는 돈과 사람을 공부하기 위한 MF Care 독서 모임을 시작했다. 나는 성인들을 대상으로 독서 모임을 여러 차례 진행한 경험이 있었다. 그리고 책을 읽은 후에 도움이 될 내용을 요약 정리하여 아이들과 학부모 대상의 간담회도 진행해 왔다. 이런 나의 경험과 요약 정리 능력은 MF Care 독서 모임에 최적화되어 있었다. 그렇게 오랜 고민 끝에 '엄마들의 미래를 구하는 프로젝트'가 시작되었다.

내가 MF Care 독서 모임에서 주로 다루는 내용은 '돈, 사람, 생각, 관점'이다. 이 네 가지를 주제로 선택한 이유는 많은 사람이 이걸 놓치고 살기 때문이다. 그리고 이 네 가지를 모른 채 열심히만 사는 것은 '밑 빠진 독에 물 붓기'와 마찬가지다. 나 또한 이것을 모른 채 살았다. 그래서 열심히 살아도 삶에 큰 변화가 없어 보였고 뿌연 안개 속을 걷는 기분이었다. 하지만 '돈, 사람, 생각, 관점'에 눈을 뜨기 시작하면서 내 삶은 빠르게 변해 갔다. 학부모를 대상으로 '돈'에 대해 말한다는 것이 쉽지는 않았다. 아이를 교육하는 원장이 자꾸 '돈 얘기'를 하는 게 그들 눈에 이상해 보일 수 있기 때문이다. 그리고 예상대로 학부모들은 '돈'이란 주제에 불편해했다. 그들은 왜 '돈 얘기'가 불편한 걸까? 우리가 살아온 환경과 잘못된 생각들 때문이다.

우리의 부모는 돈 얘기 하는 것을 창피하게 생각했다. 아이와 '돈'이란 주제를 놓고 대화하는 일은 더욱이 없었다. 그래서 가정 경제의 크고 작은 어려움이 있을 때조차 아이에게 공유하지 않았다. 이상기류를 감지한 아이가 부모에게 물어도 "너는 아무 신경 쓰지 말고 공부만 열심히 해!" 라고 말할 뿐이었다. 이러한 분위기 속에서 자란 아이는 성인이 되어서도 '돈 얘기'를 하는 것이 어렵다. 심지어 자신이 빌려준 돈을 돌려 달라고 말할 때조차 '돈 얘기'를 꺼내는 것이 어렵다. 이렇게 우리는 '돈 얘기'를 애써 피하는 환경에서 자랐다.

'돈'에 대한 잘못된 생각들도 '돈 얘기'를 피하게 하는 데 한몫했다. 당신은 돈을 많이 가진 '부자'에 대해 어떻게 생각하는가? 그들의 이미지를 떠올려보자. 당신의 머리에 '선하고 좋은 사람'이 떠오르는가 아니면 '욕심으로 가득 찬 이기적인 사람'이 떠오르는가? 우리가 어릴 적 부터 접한 책과 영화에서 보여진 부자들은 주로 자기밖에 모르는 욕심쟁이다. 실제로 이기적인 욕심쟁이 부자들도 많다. 하지만 다른 이들을 돕는 선한 부자들도 많다. 그러나 우리 머릿속에 남은 부자의 이미지는 부정적인 경우가 더 많다. 그래서 '돈 얘기'를 하는 나를 상대방이 '욕심쟁이' 또는 '돈밖에 모르는 사람'으로 볼까 봐 두려워한다. 이렇게 우리는 알게 모르게 '돈'으로부터 멀어졌다. 하지만 '돈'에 대한 이해 없이 '자본주의 세상'에서 살아남는 것은 불가능하다. 그래서 우리는 '돈 얘기'를 피해서는 안 된다. 오히려 적극적으로 해야 한다. 숨 쉬듯 편안해질 때까지 말이다.

EBS 〈자본주의〉 제작팀, 정지은, 고희정의 〈EBS 다큐프라임 자본주의〉에서 나는 이 내용을 보고 놀랐다. 다큐프라임 취재팀은 서울대학교 심리학과 곽금주 교수팀과 함께 '부모와 청소년들을 대상으로 하는 경제 인식 조사'를 실시했다. 이 조사에서 부모와 청소년의 '가정 경제'에 대한 인식 차이는 매우 컸다.

청소년들이 생각한 '가계 소득'은 실제 부모가 이야기한 소득보다 훨씬 더 높았다. 그 말은 아이들이 가정 형편을 잘 모른다는 의미다. 현재 가족의 '사회적 위치'를 묻는 질문에도 아이들은 부모보다 자신의 위치를 높게 평가했다. 그리고 가정의 '생활 수준'을 묻는 질문에도 아이들은 부모보다 훨씬 풍족하다고 인식하고 있었다.

왜 아이들은 모든 영역에서 부모보다 높게 평가한 것일까? 부모가 자신의 경제적 상황에 대해 아이들과 소통하지 않았기 때문이다. 그리고 부모는 아이들이 불편함을 느끼거나 부끄럽지 않도록 많은 지출을 하고 있었기 때문이다. 그래서 아이들은 '우리 집이 꽤 사는구나.'라고 생각했을 것이다.

이런 오해는 '금전적 지원 상황'을 묻는 질문에도 동일했다. 아이들은 자신이 부모로부터 어느 정도 투자를 받고 있고 앞으로도 그렇게 투자받을 수 있다고 생각했다. 그리고 이러한 기대감은 아이의 자립심을 떨어뜨려 나이가 들어도 부모에게 금적적으로 의지하는 상황을 만들 수도 있다. 그야말로 평생 자녀 AS 상황이 발생할 수 있는 것이다.

만약 나의 자녀가 평생 AS의 대상이 된다면 그 아이의 삶이 행복할까? 나는 그렇지 않을 거라고 생각한다. 그것은 아이에게도 부모에게도 바람직하지 않은 삶이다. 우리는 삶의 주인으로 살아갈 권리를 부여받고 이 땅에 태어났다. 그런데 잘못된 생각과 습관들에 의해 주인의식을 빼앗긴다는 것은 정말 끔찍한 일이다.

우리는 '돈'을 배워야 한다. 더이상 '돈 얘기'하는 것을 꺼리면 안 된다. 숨 쉬듯 자연스럽게 '돈 얘기'를 할 수 있어야 한다. 나부터 돈에 대한 인식과 태도를 바꾸지 않으면 아이에게 그 인식과 태도를 물려주게 된다. 그러니 나부터 '자본주의 세상'에 맞설 무기와 방패를 장착하자. 그리고 내 아이에게 그것을 가르치자. 우리는 삶의 주인으로 멋지게 살 권리가 있다.

02

부자 엄마
vs
가난한 엄마

나는 TV를 보지 않는다. 이 습관이 형성된 것은 중학교 시절로 거슬러 올라 간다. 초등학교 때 육상선수로 활동했던 나는 공부에 전혀 흥미가 없었다. 시험을 보기 전에 시험 공부를 해야 한다는 사실도 몰랐던 아이가 바로 나다. 나에게 학교는 점심을 먹은 후 고무줄놀이, 공기돌놀이를 하러 가는 공간이었다. 그래서 나는 학교에 가는 것이 무척이나 즐거웠다.

공부에 어떠한 흥미도 재능도 없던 내가 공부 욕심이 생긴 것은 중학교 입학 후였다. 나에게 '심화반'이란 목표가 생겼기 때문이다. 심화반은 공부를 잘하는 아이들에게 심화 학습을 무료로 제공하는 반이었다. 심화 반 아이들은 정규 수업이 끝난 후 또는 주말에 추가 학습을 했다. 그리고 과학고, 특목고 등을 준비할 수 있었다. 심화반 아이들은 떼를 지어 다녔고 선생님들과 각별한 사이로 보였다. 각 반의 반장, 부반장은 모두 심화 반 소속이었다. 내가 그 모습이 부러워 심화반에 속하고 싶었던 건지 기억은 잘 안 난다. 중요한 것은 내가 난생처음 반드시 해내고 싶은 뚜렷한 목표를 세웠다는 것이다. 심화반에는 전교 석차 20등의 학생까지 들어갈 수 있었다. 그러나 한 번 들어갔다고 끝이 아니라 성적이 떨어지면 바로 쫓겨나는 신세가 된다.

공부란 것을 해본 적이 없는 나는 어디서부터 어떻게 시작해야 할지 막막했다. 그래서 선생님의 조언에 따라 예습과 복습을 철저히 했다. 안타깝게도 나의 공부 머리는 썩 좋지 않았다. 이해하고 암기하는 속도가 매우 느렸다. 그래서 남들이 1시간 안에 끝낼 분량을 나는 3시간에 걸쳐 끝낼 수 있었다. 그날 배운 모든 과목의 예습과 복습을 하려니 내겐 늘 시간이 부족했다.

처음엔 왜 나만 이렇게 느린지 도무지 이해할 수 없었다. 하지만 중학교 2학년 때 받았던 IQ 테스트에서 그 이유를 알게 되었다. 나의 아이큐는 103이었고 학교 공부에 적합한 머리는 아니었다. 하지만 나는 포기하지 않았다. 느리지만 조금씩 앞으로 나아가는 거북이처럼 앞으로 나아갔다. 결국 나는 1학년 1학기 기말고사에서 좋은 성적을 받아 심화반에 들어갔고 전교 3등의 영광도 누렸다. 그리고 한 번도 심화반에서 쫓겨나지 않았다.

나는 학원에 다니지 않았기 때문에 주로 학교나 도서관에 남아서 공부했다. 주말에도 집에서 나와 학교나 도서관으로 갔다. 이렇게 나는 학교와 도서관에서 시간을 보냈기 때문에 TV와는 자연스럽게 멀어졌다.

하지만 그 당시 내가 뿌리칠 수 없던 프로그램이 딱 하나 있었다. 바로 MBC 간판 예능 프로그램 〈일요일 일요일 밤에〉였다. 내가 가장 좋아하던 코너는 이휘재가 주인공으로 한 〈TV인생극장〉이었다. 인생의 특정 순간에 상반되는 양자택일의 선택으로 인해 인생이 뒤바뀌는 모습을 보여주는 코너였다. 나는 순간의 선택이 한 사람의 인생을 완전히 다른 방향으로 이끈다는 것이 흥미로웠다. 그래서 그 코너를 보는 동안 '나라면 어떤 선택을 했을까?'라고 늘 상상해봤다. 이런 상상은 꼬리에 꼬리를 물고 여러 가지 상상으로 이어졌고 나는 그 시간을 즐겼다.

우리는 모두 〈TV인생극장〉의 주인공이다. 인생은 크고 작은 선택의 연속이고 그 선택으로 인해 우리는 전혀 다른 삶을 살기 때문이다. 내가 '심화반'이란 목표를 선택하지 않았다면 나는 이 책이 아닌 다른 책을 쓰고 있을지도 모른다. 그리고 운동을 좋아하고 잘하는 아이였기에 영어 학원장이 아닌 태권도 관장이 됐을지도 모른다. 이처럼 우리는 끝없는 선택의 기로에 놓인다. 그리고 그 선택은 우리를 매우 다른 삶으로 이끈다.

데니스 웨이틀리는 말했다. "인생에는 두 가지 주요한 선택이 있다. 존재하는 그대로의 조건을 받아들이는 것과 그것을 바꾸는 것에 대한 책임을 받아들이는 것이다."

누군가는 존재하는 그대로 받아들이는 선택을 한다. 그것이 최선의 선택이 아닐지라도 말이다. 그대로 머무는 것은 익숙한 영역이기에 편하다. 그리고 잠깐은 만족스럽다. 하지만 이내 후회하는 마음이 밀려온다. 최선이 아닌 선택은 우리를 최상의 삶으로 이끌지 않기 때문이다.

또 다른 누군가는 그것을 바꾸는 것에 대한 책임을 받아들인다. 그것이 최선의 선택이라고 믿기 때문이다. 하지만 그 책임의 과정이 쉽지는 않다. 그대로의 조건을 받아들인 사람이 잠깐 부럽기도 하다. 하지만 이내 자신의 선택이 옳았음을 확신한다. 최선의 선택은 우리를 최상의 삶으로 이끌기 때문이다.

당신이 부모라면 나를 위한 선택뿐 아니라 아이를 위한 선택도 해야 한다. 엄밀히 말하면 부모는 아이의 선택에 영향을 주는 입장에 놓인다. 그래서 부모가 올바른 선택 기준을 갖고 있으면 아이도 올바른 선택을 할 수 있다. 선택의 영역은 아주 많다. 그리고 모든 영역에서 언제나 옳은 선택을 하기란 쉽지 않다. 그러나 기쁜 소식이 있다. 모든 영역에 적용되는 삶의 원칙은 많지 않다는 것이다. 즉 내가 올바른 삶의 원칙을 갖고 있으면 수많은 선택 앞에서 당황하지 않을 수 있다. 선택의 영역이 달라진다고 삶의 원칙이 바뀌지 않기 때문이다. 내가 진행하는 MF Care 독서 모임에서 우리는 이 원칙들을 함께 배워간다. 이 모임 안에 선생님은 없다. 우리 모두 학생이고 함께 배울 뿐이다.

우리가 함께 읽었던 책 중 기억에 남는 책이 있다. 로버트 기요사키의 『부자아빠』다. 그 책은 많은 학부모를 혼란의 상태에 빠지게 했다. 일명 '현타'에 빠진 것이다.

저자 로버트 기요사키에게는 두 명의 아빠가 있었다. 한 분은 교육을 많이 받았고, 다른 한 분은 중학교도 마치지 못했다. 두 분 모두 평생 열심히 일하며 성공적인 경력을 쌓았다. 하지만 한 분은 평생 경제적으로 고생했고, 다른 한 분은 하와이 최고의 갑부가 되었다. 한 분은 수천만 달러를 남기고 돌아가셨지만, 다른 한 분은 지불해야 할 청구서들을 남기고 돌아가셨다.

여기서 놀라운 사실이 있다. 하와이 최고의 갑부가 되어 많은 돈을 남기고 돌아가신 부자 아빠는 중학교도 마치지 못한 분이다. 반면 평생 경제적으로 고생했으나 청구서들을 남기고 돌아가신 가난한 아빠는 교육을 많이 받으신 분이다.

가난한 아빠는 로버트 기요사키를 낳고 길러 주신 친부이다. 그리고 부자 아빠는 그의 친구 마이크의 아버지다. 두 분 모두 교육의 중요성을 믿었지만 동일한 교육 과정을 권유하지는 않았다. 그리도 두 분은 돈에 대해서 매우 상반된 견해를 갖고 있었다. 가난한 아빠는 늘 말씀하셨다. "나는 돈에는 관심이 없다. 돈은 중요하지 않아."라고. 반면 부자 아빠는 늘 말씀하셨다. "돈이 곧 힘이다."라고.

로버트는 양쪽 아빠의 상반된 견해 속에서 혼란을 겪었다. 하지만 그는 양쪽을 비교한 후 자신을 위한 결정을 내렸다. 그리고 그 선택들로 인해 가난한 아빠의 삶이 아닌 부자 아빠의 삶을 살고 있다.

만약 그가 친부인 가난한 아빠의 견해만 믿고 따랐다면 어떻게 되었을까? 그는 지금과 전혀 다른 삶을 살고 있을 것이다. 하지만 그는 명확한 목표가 있었다. '부자가 되는 것' 말이다.

부자가 더 부자가 되고 가난한 사람이 더 가난해지는 이유는 무엇일까? '경제와 돈'에 대해 가정에서 가르치기 때문이다. 우리는 주로 부모로부터 돈에 대해 배운다. 또는 돈에 대해 전혀 배우지 못한다.

부자의 사고방식과 삶의 원칙을 갖은 부모 아래서 자란 아이는 많은 선택에 부자의 원칙을 적용한다. 그리고 그 선택은 아이 또한 부자의 삶으로 이끈다.

반면 가난한 자의 사고방식과 삶의 원칙을 갖은 부모 아래서 자란 아이는 많은 선택에 가난한 사람의 원칙을 적용한다. 그리고 그 선택들은 아이 또한 가난한 삶으로 이끈다.

가난한 부모 아래서 자랐으나 로버트처럼 '부자 아빠'의 존재가 주변에 있다면 다른 삶을 살 수 있다. 하지만 이것은 운의 영역이다. 내 아이가 '부자 아빠'를 만나는 운이 닿을지는 아무도 모르는 일이다. 그러니 로또 확률의 운에 내 아이를 맡기기보다 내가 부자의 마인드를 장착하는 게 어떨까? 우리 또한 부모에게서 가난한 자의 마인드를 물려받았기 때문에 하루아침에 부자 마인드로 바꾸는 것은 어렵다. 하지만 내가 갖고 있던 잘못된 원칙을 하나씩 빼내는 해독을 시작하면 생각의 공간이 마련된다. 우리는 그 공간에 올바른 원칙을 하나씩 넣을 수 있다. 이것은 선택의 영역이다. 그리고 그 선택은 〈TV인생극장〉처럼 우리를 지금과 다른 삶으로 이끌 것이다. 가난한 엄마의 마인드를 버리자. 그리고 부자 엄마의 마인드를 장착하자.

03

금융 IQ는 부모가 줄 수 있는 가장 큰 선물이다

당신은 복권을 구매해본 적이 있는가? 나는 내 생에 딱 한 번 복권을 구매한 경험이 있다. 어느 일요일 오후 깜빡 잠이 들었던 나는 꿈을 꿨다. 그런데 꿈에 노무현 대통령이 환하게 웃으며 내게 말을 거는 것이 아닌가? 너무 생생한 꿈이었기에 깨어나서도 현실인지 헛갈릴 정도였다. 나는 대통령이 나오는 꿈은 어떤 의미인지 궁금했다. 그래서 바로 인터넷에 검색해보았다. 많은 이들이 길몽이니 로또를 사라고 권하고 있었다. 나는 얼굴도 모르는 그들의 조언에 따라 생에 첫 로또를 구매했다. 그리고 부푼 기대감으로 일주일을 기다렸다. 하지만 꿈은 꿈일 뿐이었다.

많은 사람은 로또 당첨을 꿈꾼다. 그들은 '로또만 당첨돼봐라! 내가 당장 회사 때려치고 자유롭게 산다!'라는 희망으로 한 주를 버틴다. 누군가는 로또 번호 제공 유료 서비스를 이용하는 열의까지 갖는다. 로또 1등에 당첨만 되면 이들은 정말 원하는 멋진 삶을 살 수 있을까? 그것도 평생 말이다.

어느 날 나는 '로또 당첨은 축복인가 재앙인가?'라는 글을 보았다. 복권 당첨자들에게 당첨금을 지급하고 가이드해주는 담당자가 오랜 기간 만나 온 당첨자들 대부분은 비참한 삶을 살고 있다고 말한다. 그나마 소소하게 살아가는 몇 명의 경우에도 당첨금 이상으로 재산을 늘린 사람은 한 명도 없다고 한다. 완벽한 삶을 보장해줄 것 같은 로또 당첨이 왜 이들에게 재앙이 된 걸까? 그들의 실패한 인생에는 공통으로 보여지는 현상들이 있다.

먼저 그들은 하던 일을 멈추고 돈을 벌지 않는다. 그렇게 수입이 끊긴 상태에서 돈을 펑펑 쓰며 탕진하기 시작한다. 이러한 과도한 소비는 돈을 노리는 사람이 몰려들게 만든다. 그리고 로또 당첨의 맛을 본 이들은 또 한 번의 일확천금을 꿈꾼다. 그래서 자신이 알지 못하는 분야에 투자한다. 그로 인해 그들은 순식간에 빈털터리가 된다.

이 글을 읽고 있는 당신은 로또의 재앙을 피할 수 있다고 자신하는가?

아니면 로또의 재앙을 피해 간 사람을 본 적이 있는가? 나는 본 적이 있다.

몇 해 전 친구를 만나러 김천에 갔다. 친구는 멀리서 온 내게 맛있는 딸기를 먹여 주겠다며 어딘가로 향했다. 우리가 도착해서 들어간 비닐하우스 안에는 먹음직스러운 딸기가 가득했다. 수경 재배 딸기로 크기도 빛깔도 맛도 남달랐다. 물론 가격도 프리미엄급으로 높았다. 친구는 잘 아는 동생이 운영하는 곳이라고 자랑을 늘어놓았다. 그리고 곧이어 놀라운 이야기를 들려주었다.

그 동생은 몇 해 전 로또에 당첨되었다고 한다. 그런데 그는 다른 당첨자들처럼 돈을 엉뚱하게 탕진하지 않았다. 그는 수경 재배 딸기 시설을 만드는 데 당첨금을 투자하여 사업을 시작했다. 그가 관심 있던 분야였기에 사업의 성장도 빨랐다. 그는 로또 당첨을 재앙이 아닌 축복으로 만들었다.

그는 어떻게 로또 당첨의 재앙을 피해 간 것일까? 바로 금융 IQ다. 개인이나 가정의 금융 의사결정은 개인이 지닌 금융 IQ에 의해 좌우되기 때문이다.

금융 IQ란 무엇일까? 금융 이해력 지수를 말한다. 자신의 금융 지식을 자각하고 합리적인 선택을 하며 충동적인 결론을 막을 수 있는 능력을 의미한다.

친구의 동생은 자신의 경제 상황을 제대로 자각했다. 그래서 합리적 선택으로 수경 재배 딸기 사업을 시작했다. 그리고 당첨금을 흥청망청 쓰고 싶은 충동을 막아냈다. 그는 금융 IQ가 있는 사람이었다.

이처럼 금융에 관한 지식과 활용 능력은 같은 조건에서 다른 결과를 만들어낸다. 그래서 금융에 대한 교육은 반드시 필요하다. 금융 교육이라는 말을 들으면 누군가는 두꺼운 경제 서적을 떠올릴 것이다. 하지만 우리가 금융 전문가 수준의 교육을 받을 필요는 없다. 그러니 너무 겁먹지 않길 바란다.

금융 IQ를 높이기 위한 교육의 첫걸음은 무엇일까? 돈의 개념을 이해하고 돈을 많이 버는 것이다. 돈을 적게 버는 것보다 많이 벌 때 금융 IQ는 높아진다.

'교육의 결과가 부가 아닌, 부의 결과가 교육이다!'라는 말을 들어봤는가? 『안티프래질』의 저자 나심 니콜라스 탈레브가 항상 하는 말이다. '교육의 결과가 부가 아니다.'라는 의미는 뭘까? 우리는 '교육'을 받고 그 결과 '부'를 이룬다고 생각한다. 그래서 공부를 잘하고, 좋은 대학에 가고, 석/박사 학위까지 받으면 더 많은 돈을 벌 거라 기대한다. 물론 학교 공부로 '면허'를 받을 수 있는 직업군은 '교육의 결과가 부.'라고 할 수 있다. 하지만 그러한 직업을 가진다 해서 '부'가 보장되는 것은 아니다. '부'에는 돈뿐만 아니라 다른 요소가 많이 포함되기 때문이다.

'부의 결과가 교육이다.'라는 의미는 무엇일까? 돈을 버는 과정에 '진정한 교육과 진정한 배움'이 있다는 의미다. 여기서 말하는 교육은 학창 시절 우리가 받았던 그런 교육을 의미하지 않는다. 이것은 돈을 버는 과정에서 알게 된 '깨달음과 교훈'이다. 이러한 '깨달음과 교훈'은 우리 삶에 바로 적용되고 결과가 보여진다.

내가 일을 하면서 어려움을 겪을 때마다 늘 떠올리는 말이 있다. "남의 주머니에서 돈 가져오는 게 쉬운 줄 알아?" 우리 엄마가 늘 하시던 말씀이다.

그렇다. 우리는 남의 주머니에서 돈을 가져오기 쉽지 않다. 내가 그들에게 충분히 가치 있는 것을 주어야 그들도 자신의 돈을 내어 준다. 그 과정이 늘 순탄한 것은 아니다. 그래서 그 속에 진짜 교육이 있다. 그리고 진짜 교육 없이 금융 IQ를 높이는 것은 불가하다.

이렇게 많이 번 돈을 우리는 잘 모아야 한다. 아무리 많은 돈을 벌어도 그 돈이 내 손을 스쳐 지나간다면 아무런 의미가 없다. 그래서 내 손에 들어 온 돈은 잘 지켜내야 한다. 그리고 종잣돈이 모였을 때 작은 실험을 시작한다. 바로 '투자'다.

투자의 단계에서는 말 그대로 '공부'가 필요하다. 책도 많이 읽고, 강의도 들으며 내가 투자할 분야를 신중히 선택해야 한다. 여기서 우리가 경계해야 할 것은 '로또 마인드'다. '일확천금'을 바라는 로또 마인드로 투자를 했다가는 아주 찐한 교훈을 얻을 것이다.

전문가들은 "국내 신용 불량자가 350만 명을 넘어서는 현실에서 어릴 때부터 올바른 소비 생활과 시장 경제의 원리를 배울 필요가 있다."라고 강조하고 있다. 또한 그들은 가정에서의 금융 교육이 빈부격차를 더 벌려 놓을 것이라고 말한다.

하지만 많은 부모가 현실의 심각성을 모르고 있다. 금융 IQ를 높이는 금융 교육은 이제 선택이 아닌 필수다. 빠르게 변해가는 자본주의 세상에서 멋지게 살아남기 위해 아이와 함께 금융 IQ를 준비하자. 준비되지 않은 자에게는 재앙이 닥치겠지만, 준비된 자에게는 기회가 올 것이다.

04

돈이 아닌 교훈을 얻기 위해 일하는 법을 가르쳐라

나는 초등학교 3학년 때부터 다양한 집안일을 하며 자랐다. 빨래 널고 개기, 설거지, 청소, 강아지 밥 주고 똥 치우기는 나와 언니들의 일상이었다. 우리는 가끔 밥하기와 김치 담그기에도 동원되었다. 이러한 집안일이 어린 나에게 즐거운 활동은 아니었다.

하지만 할머니는 이것이 가족의 의무이자 사람의 기본 도리라고 늘 말씀하셨다. 그리고 사람의 기본 도리를 하지 못하면 밖에 나가서 창피를 당한다고 덧붙여 말씀하셨다. 우리는 할머니의 말씀을 거역할 수 없었다. 그래서 집안일은 우리 삶의 일부가 되었다.

그 당시 나는 모든 아이가 나처럼 자라는 줄 알았다. 하지만 모두가 나와 같지는 않다는 것을 어느 날 알게 되었다.

초등학교 5학년 때 나는 엄마를 조르고 졸라 아람단에 들어갔다. 많은 아람단 활동이 있지만 내가 가장 기대한 것은 야영이었다. 친구들과 밥도 직접 해 먹고, 잠도 함께 잔다는 생각에 너무나 설렜다. 조별로 식사 준비가 시작되었고 6학년 선배의 지도 아래 각자의 역할이 주어졌다. 그때 내 눈앞에 충격적인 장면들이 펼쳐졌다. 많은 친구가 쌀을 씻을 줄도 파, 마늘을 다듬을 줄도 몰랐다. 처음엔 나와 6학년 선배가 친절히 안내해줬다. 하지만 그들은 어쩔 줄 몰라 하며 계속 엉뚱한 행동을 했다. 그들에게 맡기면 저녁을 굶겠다는 생각이 들어 결국 선배 언니와 내가 식사 준비를 모두 했다. 둘이서 8인분 식사를 준비하려니 힘은 들었지만, 함께 먹으니 맛은 좋았다.

그들은 미안했는지 자기들이 설거지를 하겠다고 했다. 그런데 설거지를 끝내기에 충분한 시간이 지났음에도 친구들은 돌아오지 않았다. 그들이 왜 이렇게 오래 걸리는지 궁금해진 나는 그들에게 갔다.

그곳에서 아이들은 설거지와 전쟁을 치르고 있었다. 밥솥을 물에 불렸다 씻어야 한다는 상식이 없던 한 친구는 바짝 마른 밥솥과 씨름을 하고 있었다. 또 다른 친구는 따뜻한 물로 씻어야 기름이 잘 씻긴다는 상식이 없어서 기름기와 씨름을 하고 있었다.

나는 그들에게 설거지하는 방법에 대해 차근차근 설명해줬다. 그들은 그 모든 걸 알고 있는 나를 신기하다는 눈빛으로 바라봤다.

그 순간 나는 할머니가 떠올랐다. '사람의 기본 도리를 하지 못하면 밖에 나가서 창피를 당한다.'라는 할머니의 말씀은 옳았다.

당신은 자녀와 집안일을 함께 하는가? 우리가 어릴 때만 해도 많은 아이가 함께 집안일을 했다. 하지만 어느 순간 아이들이 가사에서 제외되었다. '공부할 시간도 모자란데 집안일은 무슨….'이라는 부모의 생각과 함께 말이다. 하지만 아이들이 과연 공부할 시간이 모자라서 공부를 잘하지 못하는 걸까? 아이에게 주어진 모든 시간에 그들이 생산적인 일을 할까? 그렇지 않을 것이다.

아이가 집안일을 함께 하는 것은 단순히 부모의 부담을 덜어주는 것 이상의 교육적인 효과가 있다. 그들은 자기가 맡은 일을 통해서 책임감을 배울 수 있다. 혼자서 해낼 수 있다는 자신감도 얻을 수 있다. 그리고 일 처리의 순서를 따지고 정리하는 습관을 통해 체계적인 사고력을 키울 수 있다.

무엇보다 '일머리'를 배울 수 있다. 당신은 이런 사람을 본 적이 있는가? 학창 시절 공부도 잘했고, 스펙도 좋은데 주어진 일마다 성과가 좋지 않은 사람 말이다. 우리는 이런 사람에게 '일머리가 없다.'라고 말한다.

일머리가 없는 사람에게는 몇 가지 특징이 있다. 그들은 뚜렷한 이유도 없이 늘 바쁘다. 그래서 업무 기한을 넘기기 일수다. 그들은 일의 우선순위 배정을 잘하지 못한다. 그래서 중요한 일을 해치우듯 하고 덜 중요한 일에 시간을 쏟는다. 그러다 보니 업무 성과가 좋지 않다. 게다가 본인이 엄청 열심히 일했다고 생각해서 늘 억울한 마음으로 가득하다. 그래서 타인의 업무적인 충고를 듣지 않는다.

일머리가 없는 사람은 학교에서 자기 공부만 할 줄 알고 다른 일은 전혀 신경 쓰지 않았던 사람들이 대부분이다. 그들은 공부 이외의 영역이 발달되지 않았기 때문에 지식의 부족이 아닌 일하는 센스의 부족으로 사회생활에서 어려움을 겪는다.

부모는 왜 아이가 공부를 잘해서 좋은 학교에 들어가길 바라는가? 그들이 좋은 직장에 들어가서 사회의 일원으로 멋지게 살기를 바라기 때문이다.

여기서 우리가 생각해봐야 할 것이 있다. 좋은 직장은 '인생의 끝'이 아닌 '인생의 시작'이라는 것이다. 그전까지 아이는 부모의 보호 아래 있다. 하지만 사회생활을 시작하면서 '자기 삶의 주인공'으로 모든 것을 책임져야 한다. 그런데 당신의 모든 지원을 받으며 공부에만 매진한 아이가 '일머리' 부족으로 인생의 시작부터 비틀거린다면 어떻겠는가? 이것은 누구도 기대한 결과가 아닐 것이다.

그래서 부모는 아이의 일머리를 키워줘야 한다. 그리고 일머리는 학교 공부만으로 키워지는 영역이 아니다. 좀 더 정확히 말하면 학교 공부와 큰 상관이 없다.

나는 대학을 다니는 4년 동안 아르바이트를 했다. 가정 형편의 어려움 때문에 어쩔 수 없이 했지만 내가 가장 잘한 일 중 하나다. 나는 주로 학교 근처의 카페, 식당, 호프집에서 서빙을 했다. 시험 기간엔 손님이 뜸한 시간이나 새벽 시간을 이용해 공부했다.

너무 피곤한 나머지 책상에서 졸다가 잠들면 큰언니는 바닥으로 내려와 자라고 말했다. 하지만 나는 무슨 오기인지 끝까지 책상에서 버티곤 했다.

아르바이트와 학업의 병행은 나에게 많은 깨달음을 줬다. 그중 내 삶에 가장 큰 도움을 준 깨달음이 있다. '사람은 자신이 이성적으로 판단한다고 생각하지만 주로 감정적으로 판단한다.'라는 것이다.

호프집 사장이 두 명의 아르바이트생을 고용했다고 해보자. 한 사람은 경험도 많고 손이 빨라 맡은 일을 잘한다. 그런데 늘 불만이 많다. 그래서 그녀에게 일을 시키면 사장은 기분이 좋지 않다. 다른 한 사람은 성실하고 열심히는 하는데 손이 느리다. 하지만 그녀는 주어진 일에 늘 긍정적이다.

손님이 줄어들면서 운영이 어려워진 사장은 한 명의 아르바이트생을 내보내야 한다. 당신이 사장이라면 누구를 보내겠는가? 일의 성과로 보면 손이 느린 직원을 내보내야 한다. 하지만 사장은 손이 빠른 직원을 내보냈다. 그는 이런저런 이유로 자신의 판단이 이성적으로 맞다고 말했다. 하지만 그것은 이성이 아닌 감정으로 내려진 판단이었다.

이 이야기 속의 손이 느린 사람은 나다. 호프집 아르바이트를 처음 해봤기에 나는 실수를 많이 했고 속도도 느렸다. 그래서 나는 당연히 내가 잘릴 거라 생각했다. 하지만 나보다 오랫동안 일했던 나의 친구가 잘렸다. 그땐 정확한 이유를 알 수 없었다. 친구에게 미안한 마음은 있었다. 하지만 내 코가 석 자인 상황이라서 다행이라 생각하며 가슴을 쓸어내린 기억이 있다. 내가 잘리지 않은 진짜 이유를 알게 된 것은 그로부터 몇 년 후였다. 나는 졸업을 앞두고 사장님께 인사를 드릴 겸 친구들과 놀러 갔다. 그때 사장님께서 내 친구가 아닌 나를 선택한 이유에 대해 말씀해 주셨다. 그는 나의 성실함과 예쁜 마음 때문에 어디 가서도 잘 살 거라고 축복의 말도 해주셨다.

그 이후로 나는 같은 상황에서 불평하기보다 문제를 해결하려고 노력한다. 그리고 다른 사람의 감정을 상하게 하거나 적을 만드는 행동은 하지 않는다. 그렇다고 내 주장을 펼치지 않거나 다른 사람의 의견을 무조건 따르는 것은 아니다. 단지 누군가에게 감정적으로 대응하지 않으려 한다. 왜냐하면 사람은 한번 감정이 상하면 이성이 마비된다는 것을 알았기 때문이다.

나는 아이들에게 늘 말한다. "정말 잘 살고 싶다면 집안일을 돕고 부모님께 용돈을 월급처럼 받아라.", "대학생이 되면 꼭 아르바이트를 해라.", "최대한 다양한 일을 해보고 경험을 쌓아라.", "어학연수나 유학은 네가 벌어서 가는 거다.", "워킹 홀리데이에 도전해봐라.", "공부머리보다 더 중요한 것이 일머리다."

내 말을 알아듣는 아이가 몇이나 될지 모르겠다. 하지만 아이들이 절대 놓쳐서는 안 될 내용이다.

경제적인 이유 때문에 시작한 아르바이트였지만 나는 그 경험을 통해 많은 것을 배웠다. 그리고 그 배움들은 학교 공부가 내게 줄 수 있는 기회보다 더 많은 기회를 주었다. 그래서 나는 아이들이 다양한 노동과 경험을 통해 삶의 교훈을 배워야 한다고 생각한다. 그리고 그 첫걸음이 '집안일'과 '아르바이트'다.

부모는 아이에게 '돈이 아닌 교훈을 얻기 위해 일하는 법'을 가르쳐야 한다. 누군가는 내 아이가 그런 힘든 일을 하지 않기를 바랄 것이다. 하지만 인생이란 것이 쉽던가? 우리는 지금껏 꽃길만 걸어왔던가? 그렇지 않다. 우리는 크고 작은 어려움을 이겨내는 과정에서 교훈을 얻었다. 그리고 그 어려움이 클수록 우리는 더 단단해졌다. 우리 아이에게도 그 과정이 필요하다. 그리고 그 시기는 빠르면 빠를수록 좋다. 단단한 코어를 갖추고 사회로 나갈 때 아이는 삶의 주인으로 멋지게 살 수 있다.

05

돈은 소유가 아닌 관리의 대상이다

나의 엄마는 평생 자영업을 하셨다. 신발 가게, 옷 가게, 식당, 호프집을 하셨는데 가장 오래 하고 큰돈을 번 것은 옷 가게였다. 엄마가 한창 잘 벌던 시절에는 돈을 긁었다는 표현이 맞다. 엄마는 꼬박 12시간 장사를 하셨고 언제나 밤 10시가 넘어 집에 오셨다. 올 때는 양손 가득 치킨, 과자 등 우리의 간식이 들려져 있었다. 엄마가 집에 오자마자 하는 일은 배 가방에서 돈을 꺼내 세는 일이었다. 그 당시엔 카드 사용이 많지 않아서 엄마의 배 가방은 언제나 현금으로 가득 차 있었다. 우리 집은 그렇게 잠시 풍족한 삶을 누렸다.

하지만 할머니가 아프시면서 상황은 달라졌다. 엄마는 할머니를 모시고 병원에 가야 할 경우가 많아졌다. 엄마는 가게 문을 닫아 놓는 경우가 많았고, 손님들의 발길은 점점 끊겼다. 엄마는 그동안 번 돈으로 단독 주택과 땅을 사뒀지만 오래 가지 않아 모두 처분하게 되었다. IMF가 온 그 시기에 연년생의 딸 셋이 대학을 갔기 때문이다. 그 당시 부모님의 벌이로 학비와 자취방 비용 마련이 만만치 않았다. 그래서 엄마는 부동산을 처분하셨다.

엄마는 자영업으로 큰돈을 벌었으나 그와 비례해 소비도 과감한 분이었다. 일명 손이 큰 분이었다. 그래서 돈을 모으지는 못하셨다. 세상에는 엄마의 관심을 끄는 물건들이 너무 많았기 때문이다.

나의 아빠는 평생 직장에 다니셨다. 아빠는 버스 정비일을 하셨는데 용접이 아빠의 전문 분야였다. 아빠는 72세의 나이까지 일하실 정도로 실력이 좋았다. 아빠는 엄마와 반대로 돈을 쓰지 않는 분이었다. 그래서 월급을 꼬박꼬박 모아 세 딸이 학원을 시작할 때 힘을 실어 주기도 하셨다. 하지만 아빠는 정작 자신의 집은 마련하지 못하셨다. 종잣돈이 없어서가 아니라 대출이 무서웠기 때문이다. 아빠는 우리에게도 은행 빚이 얼마나 무서운지 늘 말씀하셨다.

하지만 아빠는 주식에 있어서는 과감하셨다. 본인이 잘 모르는 분야지만 꾸준히 주식을 하셨다. 잠깐 수익이 난 듯해도 다시 손실이 생기니 아빠의 경제 상황은 늘 그 자리에서 벗어나지 못했다. 나는 지금도 아빠가 주식으로 수익을 냈는지 아니면 결국 손해를 봤는지 모른다. 아빠는 나를 만나면 후회의 말을 자주 하셨다. "그때 집을 샀어야 하는데…", "그때 욕심 내지 않고 주식을 팔았어야 하는데…."

엄마와 아빠의 금융 IQ는 적절히 섞여 나에게 주입되었다. 다행히 엄마의 소비 습관이 아닌 아빠의 저축 습관이 나에게 당첨되었다. 하지만 대출은 무서운 것이라는 생각도 함께 따라왔다. 그래서 나는 부동산 투자에 관심을 두지 않았다. 하지만 엄마는 내 집은 꼭 있어야 한다고 말씀하셨다. 그래서 나는 다행히 내 집을 마련했다. 안타까운 것은 말 그대로 내가 살 집을 구매 했을 뿐 부동산 가격이 오를 가능성은 전혀 고려하지 않았다.

나는 30대부터 돈을 모으는 데만 집중했다. 그리고 불안한 노후를 대비해야 한다며 32살부터 큰돈을 개인연금에 넣었다. 나는 내가 가입한 상품에 대한 정확한 이해가 없었기에 나의 돈이 어떻게 새고 있는지 몰랐다. 내가 경제 공부를 시작하기 전까지는 말이다.

나는 주식으로 돈을 잃었다는 아빠의 얘기를 많이 듣고 자랐다. 그래서 자연스럽게 주식도 하면 안 된다고 생각했다. 그렇게 나는 오직 돈을 버는 데에만 신경 쓰고 돈을 관리하는 것에는 신경 쓰지 않았다.

나의 사례만 보더라도 부모의 금융 IQ가 얼마나 중요한지 알 수 있다. 나의 엄마, 아빠는 평생 열심히 일하셨다. 그러나 '레버리지'의 개념을 모르셨다. 그래서 본인들이 돈을 잃고 있다는 것을 모르셨다.

나 또한 내가 돈을 잃고 있다는 것을 몰랐다. 그래서 우리는 돈에 대해 알아야 하고 배워야 한다. 내가 배우지 않고 모르면 우리는 힘들게 번 돈을 잃게 된다. 그리고 내 자녀도 내가 걸은 그 길을 걷게 된다.

돈을 관리한다는 것은 어떤 의미일까? 먼저 돈을 버는 것을 의미한다. 사람이라면 누구나 많은 돈을 벌고 싶어 한다. 그리고 자신의 자녀도 많은 돈을 벌기를 원한다. 그런데 우리가 '많은 돈을 벌 수 있는 일'을 원할까? 어느 날 나는 중등부 아이들에게 물었다. "너희들 돈 많이 벌고 싶니?" 아이들은 이구동성 "네."라고 대답했다. 그래서 내가 다시 말했다. "그럼 각자 어떤 일을 해서 돈을 많이 벌 수 있는지 얘기해보자." 아이들은 수줍어하며 각자의 계획을 얘기했다. 아이들의 답변을 들은 후 나는 무슨 말을 해야 할지 몰랐다. 아이들이 말한 직업들은 큰돈을 벌 수 없는 직업들이었기 때문이다.

'공무원, 대기업, 자영업, 영업, 사업' 이렇게 다섯 개의 선택지가 있다고 해보자. 당신은 당신의 자녀에게 무엇을 권하고 싶은가? '공무원과 대기업'으로 눈이 가지 않는가? 대부분 부모는 그럴 것이다. 그래서 아이들에게 사교육을 시키고 좋은 대학에 보내려고 애쓰는 것이다.

만약 당신이 '자영업, 영업, 사업'으로 눈이 갔다면 본인이나 주변 누군가 이 일을 통해서 많은 돈을 벌었기 때문일 것이다. 그렇지 않았음에도 '자영업, 영업, 사업'으로 눈이 갔다면 축하한다. 당신의 아이는 많은 돈을 벌 확률이 높다.

우리는 많은 돈을 벌고 싶다면서 많은 돈을 벌 수 있는 일은 원하지 않는다. 안정적이지 않다고 생각하기 때문이다.

'High risk high return'이란 말을 들어 봤는가? '고위험 고수익'이란 의미다. 이는 투자의 영역뿐 아니라 직업군의 영역에서도 마찬가지다. 하지만 '의사, 변호사'는 위험도 없고 수입은 높은 직업군이 아닌가? 물론 그렇다. 하지만 의사나 변호사도 더 큰 돈을 벌려면 자신의 사업장을 열어야 한다. 그것은 사업이다. 그리고 모든 사업에는 위험이 뒤따른다.

우리가 무조건 '안정적'이란 단어를 붙잡고 있는 한 우리는 큰돈을 벌 수 없다. 그리고 나의 '안전 제일주의'는 내 아이에게도 주입된다. 그래서 나의 자녀 또한 큰돈을 벌기 어렵다. 그러니 '안전과 안정'이 가장 우선이라는 그 생각을 내려놓자. 가장 안전해 보이는 것이 가장 위험할 수 있다.

어떤 직업을 통해서든 우리는 돈을 번다. 그러면 그 돈을 잘 모아야 한다. 종잣돈이 마련되어야 어떤 형태로든 그 돈을 투자할 수 있기 때문이다. 지구촌에서 레버리지의 효과 없이 돈을 불리는 것은 매울 어렵다. 그리고 돈을 불리지 못한다는 것은 돈을 잃는다는 의미다. 하지만 많은 사람이 여기부터 실패한다. 오늘부터 우리에게 어떤 수입도 없다고 생각해보자. 지금 가지고 있는 돈으로 당신은 얼마나 버틸 수 있는가? 만약 당신이 3개월도 버티지 못한다면 온 가족이 모여 심각하게 고민해봐야 한다. 어딘가에서 당신의 돈이 새고 있다는 것이다.

그렇다면 저축만이 답일까? 나는 저축만 하는 것도 문제라고 생각한다. 내가 그렇게 돈을 잃은 경우다. 저축이 왜 돈을 잃는 것일까? 인플레이션 때문이다. 돈이 만들어지고 세상에서 쓰이는 원리를 이해하면 물가가 절대 떨어질 수 없다는 것을 알게 된다. 그 말은 돈의 가치는 점점 떨어질 수밖에 없다는 것이다. 그래서 현금 부자로 저축만 고집하는 것 또한 돈을 잃는 것과 같다.

부자는 점점 더 부자가 되고 가난한 사람은 점점 더 가난해지는 이유는 뭘까? 부자는 알지만 가난한 사람은 모르기 때문이다. 부자는 돈이 돌아야 한다는 것을 안다. 고인 물은 썩기 때문이다. 그래서 그들은 돈을 소유하지 않고 보내준다. 하지만 돈을 아무 곳에나 보내는 것은 아니다. 보내준 돈이 다른 돈을 데려올 수 있는 곳으로 보낸다. 그들은 돈의 친구들이 어느 곳에 더 많은지 끊임없이 배운다. 그리고 돈을 관리한다. 하지만 가난한 사람은 돈이 나가면 다시 돌아오지 않을 거라는 두려움이 크다. 그래서 그들은 돈을 소유하려 든다. 그리고 가끔은 소유했던 돈을 쓰레기와 맞바꾸기도 한다. 그 물건을 사야만 하는 여러 가지 이유를 들면서 말이다. 그들은 돈을 배워야 할 대상으로 보지 않는다. 그래서 돈에 대해 모른다. 모르기 때문에 그들은 돈을 관리할 수 없다.

이 글을 읽는 지금의 당신이 어떠한 입장에 놓여 있는가는 중요하지 않다. 앞으로의 방향성이 중요하다. 지금껏 살아왔던 패턴에서 벗어나는 것이 쉬운 일은 아니다. 그것은 누구에게나 마찬가지다. 하지만 누군가는 같은 시간과 노력을 들여 더 많은 돈을 벌고 있다. 이것은 당신이 인정하든 안 하든 사실이다. 그들은 돈이 소유가 아닌 관리의 대상이란 것을 아는 자들이다. 우리가 원하는 삶이 지금보다 더 풍요로운 삶이라면 우리도 이 사실을 알아야 하지 않을까? 나는 충분한 가치가 있는 도전이라 생각한다. 그리고 당신도 나와 같이 도전하길 바란다.

06

열심히 사는 것만으로 충분하지 않다

"왜 그렇게 열심히 살아? 쉬엄쉬엄 해!", "널 보면 경주마 같아. 앞만 보고 달리는 경주마….", "대단하다!! 그렇게 살면 안 피곤해?", "네 열정은 아무도 못 따라간다."

당신도 지인들에게 이런 말을 듣고 살았는가? 그랬다면 '열심히 산다.'라는 말의 의미를 잘 이해할 거라고 생각한다.

나는 가난이 너무 싫었다. 라면 반 개를 끓여 반찬 삼아 밥을 먹고, 어쩌다 한번 간 식당에서 가장 싼 메뉴를 골라야 하고, 옷은 매대에 뉘여있는 할인 상품만 사야 하고, 기차가 지나갈 때마다 흔들리는 반지하 집에서 살아야 하는 내 삶이 싫었다. 이런 삶에서 벗어나기 위해 나는 지독하게 허리띠를 졸라맸으나 통장 잔고는 좀처럼 늘지 않았다. 도대체 뭘 해야 이 가난에서 벗어날 수 있는지 내게는 길이 보이지 않았다. 그 당시 내가 벌 수 있는 돈은 한계가 있었고, 이렇게 벌어서는 가난에서 벗어날 수 없어 보였다.

게다가 20대부터 쉬지 않고 일한 탓인지 여기저기 몸이 아프기 시작했다. 그래서 학원 출근 전에 물리 치료를 받으러 늘 병원에 들려야만 했다. 하지만 병원에서 내게 해줄 수 있는 것은 없어 보였다. 전국에 유명하다는 병원은 다 찾아 가 봤지만 나의 건강은 나아지지 않았다. 지긋지긋한 가난에서 벗어나려고 몸부림 칠수록 나는 늪으로 더 빠져드는 기분이었다.

오리슨 S.마든 저자의 『아무도 가르쳐주지 않는 부의 비밀』에는 그 당시 내가 느꼈던 무기력함의 원인이 잘 표현되어 있다.

아무리 노력해도 가난을 벗어날 수 없다는 사고 습관은 사람을 무기력하게 만든다. 일정 기간 특정 상황에 익숙해지다 보면 그것이 생활의 일부가 된다. 가난한 환경에 익숙해져 가난을 당연한 것으로 여기게 되면 가난에서 벗어나기 위한 행동도 할 수 없다.

모든 사람은 성공을 향해 분투하고 있다. 하지만 정작 자신이 부자가 될 수 있다는 상상을 하지 않고 그 희망조차 품지 않는다. 그들은 자신들이 구하고자 하는 것을 구할 수 있다고 믿지 않는다.

그 당시 나는 가난에서 벗어나고 싶었고, 열심히 노력하면 될 거라 생각했다. '분명 내일은 더 나아질 거야.'라고 믿고 싶었다. 하지만 내가 가난에서 벗어날 수 있을 거라고 나는 믿지 않았다.

누구보다 열심히 살아도 '믿음'이 부족하면 소용없다는 말인가? 많은 성공자의 말에 의하면 그렇다. 인간은 신념의 산물이기에 자신이 믿는 것 이상의 존재가 될 수도 없다고 한다. 그리고 자신이 믿는 것 이상의 것을 손에 넣을 수도 없다고 한다.

오리슨 S. 마든은 이것을 호스에 비교해 설명한다. 어린 시절 마당에서 물 놀이를 하다가 호스를 밟은 적이 있는가? 신나게 쏟아져 나오던 물이 갑자기 뚝 끊긴다. 당신이 그 호스를 밟지 않았다면 물은 계속 쏟아져 나왔을 것이다. 그리고 물을 원하면 밟은 호스에서 발을 떼면 된다.

그는 부도 마찬가지라고 말한다. 인간은 본래 '부의 흐름'을 갖고 태어난다. 하지만 자라면서 심어진 의심과 두려움, 가난에 대한 연상으로 부의 호스를 틀어막는다는 것이다.

그렇다면 우리가 할 일은 무엇인가? 우리에게 심어진 의심과 두려움, 가난에 대한 연상을 없애는 것이다. 그러면 우리가 본래 갖고 타고난 '부의 흐름'이 제 기능을 하기 시작한다.

그 당시 내가 이 책을 알았다면 참으로 좋았을 것이다. 하지만 나는 '가난한 생각과 믿음 부족'이 부의 호스를 틀어막고 있을 거라는 상상도 못했다. 다행스러운 것은 다른 여러 책을 통하여 내 감정과 생각을 바꿔야 삶이 변한다는 것을 알았다. 그래서 여러 가지 방법으로 나의 감정과 생각을 바꾸려 노력했다. 그리고 서서히 나의 삶은 변해 갔다.

누군가는 생각할 것이다. '그래! 성공자가 다 그렇게 말한다니 맞는 말이겠지. 그런데 수십 년에 걸쳐 심어진 의심과 두려움을 어떻게 없앤다는 거야? 없앨 수 있다면 나도 없애고 싶어.'

의심과 두려움을 없애는 방법으로 나는 '작은 도전 해치우기'를 권하고 싶다. 두려움(Fear)은 '진짜처럼 보이는 가짜 증거(False Evidence Appearing Real)'라는 말이 있다. 우리가 느끼는 두려움은 진짜 같지만 과거에 겪은 부정적 경험이 부풀려진 것이다. 또는 우리가 아직 경험하지 않은 영역이다. 그래서 두려움을 없애는 가장 빠른 길은 두려운 대상을 그냥 해버리는 것이다.

나에게 있어 작은 도전은 '대형 어학원 지원'이었다. 나는 어학연수나 유학을 가지 않은 '순수 국내파 강사'다. 게다가 영어를 전공한 것도 아니었다. 나의 스펙은 그야말로 초라했다. 하지만 내가 강사의 길로 들어선 이상 내 몸값을 높이는 길은 어학원 경력을 쌓는 것이었다. 그래서 나는 떨리는 마음으로 어학원에 입사 지원을 했다. 나는 이력서에 쓸 내용이 충분하지 않다는 것을 알았다. 그래서 원장님께 직접 영어 면접을 보고 싶다고 의사를 밝혔다. 그리고 가능하다면 데모 수업도 보여드리고 싶다고 말했다. 나는 이력서만으로 나를 판단하지 마시고 나의 실력을 보고 판단해 달라고 부탁드렸다. 원장님은 강사가 먼저 영어 인터뷰와 데모 수업을 요청하는 경우가 처음이라며 당황하셨다. 하지만 그 용기만으로 충분하다며 그는 나를 채용했다.

나는 입사 후 그동안 쌓은 나의 실력을 마음껏 펼쳤다. 그리고 곧 아이들과 학부모들에게 인정받는 강사가 되었다.

그로부터 몇 년 후 나는 더 큰 무대를 경험하기 위해 또 한 번의 이직에 도전했다. 이미 두려움과 맞서는 경험을 했기 때문에 두 번째 도전은 더 쉽게 느껴졌다. 이러한 작은 도전들은 '나는 실력 있는 강사다.'라는 믿음을 내게 심어줬다. 그리고 그 믿음은 나를 더 많은 기회로 이끌었다. 그렇게 나는 가난에서 멀어질 수 있었다.

이 세상에는 좋은 책이 참으로 많다. 성공한 사람들이 알려주는 성공의 비법도 많다. 이렇게 정보가 넘쳐나는 시대에 누구의 말을 들어야 할지 가끔 우리는 혼란스럽다. 이 사람 얘기를 들으면 이게 맞는 것 같고

저 사람 얘기를 들으면 저게 맞는 것 같다. 그러나 내 삶은 여전히 그 자리다.

우리의 삶이 변하지 않는 이유는 둘 중 하나다. 내가 생각을 바꾸지 않았거나 행동을 하지 않았거나. 그리고 대개는 생각이 바뀌지 않아서 행동하지 않는다. 우리는 익숙한 것을 좋아한다. 그것이 내 삶에 긍정적 영향을 주든 부정적 영향을 주든 말이다. 익숙함의 유혹을 뿌리치기란 쉽지 않다.

참으로 모순이지 않은가? 입으로는 "더 나은 삶을 살고 싶어. 이보다 더 열심히 어떻게 살라는 거야?"라고 말하면서 근본적 원인을 못 본 척하니 말이다. 또는 근본적 원인을 알았음에도 익숙함의 유혹을 뿌리치지 못하니 말이다.

우리는 좋은 성적을 받고, 대학에 가고, 좋은 직장에 들어가고, 저축도 하고, 절약하기 위해 다양한 쿠폰도 모으고, 그렇게 모은 돈으로 투자도 한다. 언젠가 나도 부자가 될 거라 기대하면서 말이다. 물론 이러한 노력은 아무것도 하지 않는 사람보다 더 나은 삶을 줄 것이다. 하지만 그것은 가까운 미래가 아닌 아주 먼 미래일 것이다. 우리가 원하는 삶을 살기 위해 늙을 때까지 꼭 기다릴 필요는 없지 않은가?

세상에 열심히 사는 사람은 참으로 많다. 하지만 열심히 사는 것만으로 충분하지 않다. 당신이 원하는 것이 '열심히 살았다고 증명하는 것'이라면 그대로 유지해도 좋다. 하지만 당신이 원하는 것이 '자유인의 삶', '행복한 부자의 삶'이라면 익숙함에서 벗어나야 한다.

익숙함에서 벗어나 작은 도전을 할 때 우리의 믿음이 싹트고 기회가 보인다. 그리고 그 믿음과 기회는 당신을 더 나은 곳으로 이끌 것이다.

07

내 아이도 부의 추월차선에 올라탈 수 있다

몇해 전 나는 친구에게 아주 멋진 책을 소개받았다. 혼다 켄 작가의 『돈과 인생의 비밀』이다. 이 책은 저자가 미국에 거주할 당시 만났던 억만장자 노인과의 실화를 바탕으로 쓰여진 책이다. 이야기 형식으로 편하게 읽을 수 있기에 나 또한 많은 사람에게 이 책을 권했다.

이 책에서 내게 가장 큰 충격을 줬던 내용은 "세상에는 두 종류의 사람밖에 없다."라는 것이다. 그 두 종류는 '자유인'과 '부자유인'이다.

자유인은 매일 자유, 기회, 풍요로움, 즐거움, 영광, 감사로 충만한 삶을 산다. 하지만 비자유인은 비굴, 공허함, 빈곤, 결핍, 경쟁, 질투, 조급함, 불만, 분노와 같은 감정에 젖어 생활한다.

저자는 자유인에 속하는 직업과 비자유인에 속하는 직업들을 나눠 표로 정리해놓았다. 인세가 들어오는 예술가, 화가, 작가, 임대 수입을 받는 사람, 배당이나 이자를 받는 사람, 특허 라이선스를 가진 사람, 네트워크 마케팅에서 성공한 사람, 유명 스포츠 선수나 연예인은 자유인에 속한다.

하지만 우리 주변에서 흔히 볼 수 있는 회사원, 공무원, 대기업 고용사장, 중소기업 경영자, 자영업자, 의사, 변호사는 모두 부자유인에 속한다.

누구나 자유인과 부자유인을 선택할 수는 있다고 한다. 그러나 자유인이 되기 위해서는 책임을 감내해야 한다. 그것은 다른 사람들의 오해와 비판, 그리고 자신의 내면에 있는 갈등 등이다.

이 내용은 나에게 큰 충격을 안겨주었다. 그때까지 나는 내 직업이 부자유인이라는 것을 모르고 살았기 때문이다. 게다가 사회가 아이들에게 권하는 직업군은 모두 부자유인의 직업이라는 것도 놀라웠다.영어를 가르치는 것도 학원을 운영하는 것도 내게는 천직이다. 나는 학원에 나가면 스트레스가 풀릴 정도로 내 일을 좋아한다. 하지만 내 마음에는 일에 대한 불안과 두려움이 있었다. 그래서 주말에도 일 생각이 머리에서 떠나지 않았다. 나는 쉬어도 쉬는 느낌이 아니었고 늘 피곤했다. 내가 이 책을 읽기 전까지는 이것이 나의 개인적 문제라고 생각했다. 하지만 이것은 부자유인 중 자영업자에게 나타나는 공통적인 특징이었다.

나는 망치로 머리를 한 대 얻어맞은 기분이었다. 그래서 그 자리에 멍하니 앉아 있었다. 나는 내 삶에 대해 진지하게 생각해보았다. 내가 정말 원하는 삶이 무엇인지 말이다. '나는 부자유인의 삶에 만족하는가?', '혹시 자유인이 될 용기가 없어서 자기 합리화를 하는 것은 아닌가?' 나는 쉼 없이 내게 질문을 던졌다. 그런 후 종이를 꺼내 내가 좋아하는 일과 하고 싶은 일들을 적어 보았다.

나는 책 읽는 것을 좋아한다. 그리고 책 내용을 요약해서 강의하는 것을 좋아한다. 나는 아이가 삶의 시행착오를 덜 겪도록 멘토의 역할을 하는 것을 좋아한다. 그리고 학부모가 아이가 아닌 자신에게 집중하는 삶을 살도록 돕는 것을 좋아한다. 나는 나의 성장과 남의 성장을 돕는 것을 좋아한다. 이렇게 나에 대한 재해석의 시간을 갖다 보니 내가 앞으로 나아갈 방향이 보였다.

이런 시간이 나에게만 필요한 걸까? 그렇지 않다. 우리 모두에게 필요하다. 우리는 '나는 할 수 없어.'라는 생각에 사로잡혀 있지만 그럴 수만 있다면 모두 '자유인'을 원한다. 우리 모두 자유롭고 풍요로운 삶을 원한다.

자유인은 단순히 돈과 시간이 여유로운 사람을 의미하지 않는다. 행복하게 성공한 사람들을 말한다. 그리고 행복한 성공의 첫 단추는 '좋아하는 일'을 찾는 것이다. 자신이 정말 좋아하는 일에 열중하면 성공할 확률이 매우 높아지기 때문이다.

내가 좋아하는 일을 찾기 위해서는 나에 대해 알아야 한다. 즉 나에 대해 생각하고 나와 대화하는 시간이 반드시 필요하다. 그렇지 않으면 기존의 낡은 생각을 버리기란 쉽지 않다. 변화의 첫발을 내딛을 수 없다.

『이카루스 이야기』의 저자 세스 고딘도 낡은 사고를 버리고 변화해야 한다고 말한다. 시대가 바라는 인재상은 계속 변하기 때문이다. 부모가 농부인 시대의 아이들에게 공장 노동자는 꽤 멋진 직업이었다. 그들은 안정적인 직장에서 부모보다 더 많은 돈을 벌었다. 열심히만 일하면 집 한 채와 은퇴 자금도 마련할 수 있었다.

그로부터 수십 년 후에는 대학을 졸업해 중간 관리자가 되는 것이 멋진 일이었다. 기하급수적으로 늘어나는 근로자 조직을 관리해 줄 인재가 필요했기 때문이다.

다시 수십 년이 흐르고 대중 마케팅 시대가 열렸다. 그러면서 광고인, 카피라이터 또는 투자은행가처럼 아이디어로 일하는 근로자가 각광 받았다.

이처럼 농부에서 노동자로, 관리자로, 전문가로, 상업적 지식인으로 산업 시대의 인재상은 변해 왔다.

하지만 산업 경제는 이제 희망 고문에 불과하다. 그들이 원하는 복종과 표준화는 우리에게 자유인의 삶을 줄 수 없다. 그래서 우리는 자신만의 '예술'을 시작해야 한다. 여기서 '예술'이란 새로운 틀을 구축하고, 사람과 아이디어를 연결하고, 정해진 규칙 없이 시도하는 것을 의미한다.

만약 당신이 자신의 삶뿐 아니라 아이 삶의 로드맵도 '부자유인'을 향하게 했다면 매우 혼란스러울 것이다. 차라리 이런 사실을 모른 채 살았으면 좋았을 거라고 생각할 수도 있다. 솔직히 고백하자면 내가 그랬다.

나는 많은 책을 읽으면서 나의 금융 IQ가 너무나 엉망이라는 것을 알게 되었다. 그래서 금융 IQ를 끌어올리려고 더 다양한 책을 읽었다. 그러나 새로운 책을 접하고 사고가 확장될수록 뼈아픈 현실과 마주해야 했다.

나는 최선을 다해 열심히 살았으나 그것은 산업 세계에 복종한 삶이었다. 나는 풍요롭고 자유롭게 살고 싶었으나 표준화된 세상의 부품일 뿐이었다. 그리고 더 가슴 아픈 것은 아이들이 나와 같은 길을 가고 있는 것을 그저 바라봐야만 했다.

내가 이 책을 쓰기로 마음먹은 것은 하루아침에 일어난 일이 아니다.

수년간 배우고 확인한 내용을 더는 눈감을 수 없었기 때문이다.

지금 당신의 머리에는 여러 가지 생각이 떠오를 것이다.

'그래서 나는 무엇을 해야 하는 거지?', '나는 좋아하는 일을 하고 있지 않은데 자유인이 될 수 없는 건가?', '우리 아이는 공부 대신 다른 길을 찾아 줘야 하나?' 당신은 빠른 해결책을 찾고 싶을 것이다. 하지만 나는 빠른 해결책을 권하지 않는다. 머리로 이해만 한다고 인생이 달라지지 않기 때문이다.

당신은 건강을 위해 '해독'이란 것을 해본 적이 있는가? 면역력이 약해 자주 아프던 나는 해독을 종종 한다. 해독은 사람마다 진행하는 방법이 다르지만 내가 평소에 먹었던 좋지 않은 음식을 멈추는 것이 핵심이다. 이렇게 나쁜 음식을 멈추고 내 몸이 필요로 하는 고영양을 듬뿍 넣어주면 몸에서 여러 가지 반응이 일어난다. 그런데 그 반응이 기분 좋은 반응은 아니다. 가끔 두통이 생기기도 하고 뱃속에 가스가 가득 차 불편하기도 하다. 하지만 그 시기를 잘 견디면 내 몸이 깨끗해지면서 몸의 불편 증상들이 사라지는 경험을 할 수 있다. 나는 삶을 바꾸는 것도 이와 같다고 생각한다. 삶을 바꾸기 위해 반드시 해야 하는 것이 '생각의 해독'이다.

우리에게는 평생 받아온 교육과 세뇌에 의해 뿌리 깊게 박힌 생각들이 참으로 많다. 그리고 그 생각에서 벗어나기란 쉽지 않다. 그래서 우리는 애써 낡은 생각을 버리는 연습을 해야 한다. 그런 후에 새로운 생각을 들일 수 있다. 내가 학부모와 MF Care 독서 모임을 하는 것도 '생각의 해독'을 위해서다.

몸의 해독과 마찬가지로 '생각의 해독' 중 '혼란'이라는 불편 증상은 있다. 하지만 이 시기를 견디면 머리가 깨끗해지면서 새로운 관점이 추가될 것이다. 그러니 용기를 내서 '생각의 해독'에 동참하자. 나의 새로운 관점은 내 아이를 부의 추월차선으로 인도할 것이다.

08

부와 행복은 끌어당기는 만큼 온다

바베이도스 출생의 형이상학자이자 강연자인 네빌 고다드는 그의 저서『상상의 힘』에서 이렇게 말했다. "당신에게 일어난 일의 원인을 당신 바깥에서 찾지 마십시오. 당신이 외부에서 원인을 찾으려고 하는 순간, 그곳에서 변명거리를 발견하게 될 것입니다. 하지만 진정한 원인은 당신의 생각 안에 있습니다. 당신의 생각을 당신이 원하는 모습으로 바꾸는 순간, 당신은 새로운 삶을 살게 됩니다!"

30년 전의 나에게 누군가 저 말을 했다면 나는 강하게 저항했을 것이다. 나는 엄마 아빠의 이혼을 원한 적이 없다. 나는 가난을 원한 적이 없다. 나는 불안한 마음을 원한 적이 없다. 그렇다면 왜 나에게 그런 일들이 일어난 걸까?

『운의 알고리즘』 저자 정회도 씨는 지구가 학교 같은 곳이라고 말한다. 우리는 태어나는 순간 지구 게임에 참가하는데 우리의 공통 미션이 있다고 한다. 그것은 다른 캐릭터에게 피해를 주지 않는 범위에서 어떤 경험이든 다양한 경험을 하고 그 경험 안에서 깨달음을 얻는 것이다. 깨달음을 통해 캐릭터의 성숙도는 계속 올라간다. 그리고 성숙도가 쌓여 임계치에 도달하면 지구 게임을 끝마치고 다음 단계의 차원으로 넘어가게 된다. 하지만 성숙도가 충분히 쌓이지 않으면 지구별로 다시 돌아와 그것을 배워야 한다.

그의 말에 따르면 나는 '나의 어린 시절을 경험하고 그 경험 안에서 깨달음을 얻는 미션'을 갖고 지구별에 왔다. 그리고 그 깨달음으로 나의 성숙도가 올라가면 다음 단계로 넘어갈 수 있다.

나는 그의 말에 동의한다. 왜냐하면 나의 배경과 20대의 방황이 없었다면 지금의 나는 존재하지 않기 때문이다. 그리고 그 당시 나에게 고통스러웠던 삶은 다른 사람을 도울 수 있는 좋은 도구가 되었다. 그래서 나는 나의 배경과 내가 겪은 모든 일에 진심으로 감사한다.

요즘 많은 아이가 편부모 아래서 자란다. 또는 원수처럼 으르릉거리는 부모 아래서 자란다. 아이들은 정서적으로 불안하고 혼란스럽다. 그런 불안한 마음으로 무슨 공부가 되겠는가? 하지만 공부를 안 하면 안 된다는 또 하나의 불안감으로 아이들의 마음은 쑥대밭이 된다.

나는 종종 이런 아이들과 상담을 하곤 했다. 그 아이들이 느끼는 감정은 자연스러운 현상이라는 것을 말해주고 다독여줬다. 그리고 나의 경험담을 들려줬다. 아이들은 내 이야기를 듣고 매우 놀랐다. 늘 카리스마 있고 밝은 모습의 나에게 그런 어두운 어린 시절이 있을 거라 상상하지 못했기 때문이다.

나는 아이의 상황을 운전과 비교해서 설명해주곤 한다. 미성년자들은 운전면허증을 딸 수 없다. 그래서 그들은 차의 뒷좌석에 앉아 부모가 가는 방향으로 따라갈 수밖에 없다. 하지만 만 18세가 되면 누구나 운전면허증을 딸 수 있다.

문제는 운전면허증이 있어도 차가 없으면 장롱 면허가 된다는 것이다. 그래서 진짜 운전자가 되려면 차를 살 수 있는 능력을 갖춰야 한다. 내가 차를 살 수 있는 돈도 있고 운전면허증도 있으면 진짜 운전자가 된다. 그러면 내가 목적지를 정하고 주도적으로 갈 수 있다.

이렇게 얘기해주면 아이들은 눈을 반짝인다. 자신의 상황을 비관적으로 보기보다 '운전자'가 되고자 하는 마음이 생기기 때문이다.

삶에는 내가 통제할 수 있는 영역과 통제할 수 없는 영역이 있다. 내가 태어난 가정은 내가 선택한 것이 아니기에 내가 통제할 수 없는 영역이다. 하지만 그 통제 밖의 영역조차 버릴 경험은 아무것도 없다. 그 경험은 내가 어떻게 보고 해석하는지에 따라 '금'이 될 수도 있고 '똥'이 될 수도 있다. 이것은 나의 선택의 몫이다.

이미 지나버린 과거도 내가 관점을 달리하면 이렇게 달라질 수 있는데 미래는 어떨까? 우리의 생각을 우리가 원하는 모습으로 바꾸는 순간, 우리는 새로운 삶을 살게 된다.

당신은 론다 번의 『시크릿』을 아는가? 2007년에 출간된 오래된 베스트셀러다. 책의 내용이 워낙 생소해서 누군가는 허황된 말만 늘어놓은 책이라고 평가하기도 했다. 나 역시 그 책을 처음 읽었을 때 그녀의 말들이 믿기지 않았다. 그래서 한 번 훑어보듯 읽고 책장에 고이 간직했다.

그로부터 몇 년 후 나는 책장을 정리하다가 그 책을 다시 꺼내 읽었다. 그런데 이번에는 그 책의 내용이 내 마음을 흔들기 시작했다.

이 책에서 말하는 비밀은 '끌어당김의 법칙'이다. 이는 '만유인력의 법칙'만큼이나 당연한 우주의 법칙인데 성공한 사람들은 모두 이 법칙을 깨닫고 실행하고 있었다는 것이다.

그 당시 나는 가난에서 벗어나기 위해 발버둥을 치고 있었다. 그래서 "성공한 사람들이 모두 실행한다."라는 그 말에 눈이 번쩍 뜨였다 '그래! 밑져야 본전이니 한번 해보자!'라고 마음먹은 나는 그 책을 반복해서 읽었다.

'끌어당김의 법칙' 중심에는 '생각과 감정'이 있다. 우주는 부정어를 처리할 수 없어서 우리가 부정적 생각과 감정을 느끼면 그것이 우리 삶으로 끌려온다는 것이다. 예를 들어 내가 '나는 뚱뚱한 거 싫어.', '나는 가난한 거 싫어.'라고 생각하면 '뚱뚱한 몸'과 '가난한 삶'이 나에게 끌려온다는 것이다. 긍정적 생각과 긍정적 언어의 중요성은 아무리 강조해도 과하지 않은 듯하다.

사람들은 무언가를 바랄 때 '간절히 바라는' 마음을 갖는다. 고시원과 반지하에서 벗어나고 싶던 나는 '집을 사고 싶다.'라는 간절한 마음이 있었다. 하지만 이것은 나에게 집이 없다는 '결핍의 마음'이었기에 우주는 내게 결핍을 끌어다 줬다. 그래서 무언가를 바랄 때에는 그것을 이미 가졌다고 상상하며 감사의 마음을 갖는 것이 중요하다.

이 많은 원칙을 나는 다 기억할 수 없었다. 그래서 나는 포스트잇에 그 내용을 써서 사방에 붙이기 시작했다. 그 내용이 내게 각인되도록 말이다.

그리고 나는 이미 모두 이룬 것처럼 시각화하기 위해 나만의 '보물지도'를 만들었다. 내가 벌고 싶은 액수, 내가 타고 싶은 차, 내가 살고 싶은 집, 내가 되고 싶은 모습을 매일 볼 수 있도록 말이다. 그리고 그것들을 모두 이룬 것처럼 확언했다.

처음엔 이걸 하면서도 '설마 될까?'라는 의심이 있었다. 하지만 의심은 부정 에너지고 그것은 내게 부정적 결과를 끌어오기에 이내 의심의 마음을 버렸다.

당신은 궁금할 것이다. '그래서 당신은 원하는 삶을 이뤘나요?' 내 답은 'YES!'다. 나는 호수가 보이는 아파트에 살고 있고, 내가 원하던 파란 BMW를 타고 있다. 나는 아이와 학부모에게 영어와 인생을 가르치는 일을 하고 있고, 책을 쓰고 있다. 나는 나의 이상형인 남자와 결혼해서 행복하게 살고 있고, 두 마리의 강아지도 키우고 있다. 물론 이것들이 나의 최종 목표는 아니다. 하지만 그 당시 간절히 원했던 것들은 지금 내게 현실이 되었다.

부와 행복은 끌어당기는 만큼 온다. 우리가 지구별에 사는 한 이 법칙에서 벗어날 방법은 없다. 누군가는 이런 말들이 믿기지 않을 것이다. 나 또한 그랬다. 하지만 '밑져야 본전'이지 않은가? 이 법칙을 삶에 적용하든 안 하든 우리는 일정 기간 지구에 머물러야 하니 말이다.

당신의 상상력을 조금 더 끌어올려 생각을 바꿔보자. 생각이 바뀌면 내가 선택하는 것이 바뀌고 결과도 바뀐다. 그렇게 지금보다 조금은 더 행복하고 풍요로운 삶이 끌려올 것이다.

4장

혼자 생각하는 힘을 가진 아이로 키워라

01

성공은 생각의 크기를 뛰어넘지 못한다

당신은 살면서 놓쳐버린 기회들이 있는가? 내게는 기회인 줄 알면서도 놓친 기회와 기회인 줄 모르고 놓친 기회가 있었다.

기회인 줄 알면서 놓친 기회는 내가 입시 학원에서 스피킹 강사로 근무하던 시절이다. 하루는 친한 동료 강사가 어떤 원장님을 소개해주겠다며 함께 식사하자고 제안했다. 그 원장님은 EBS에서 인기 수학 강사였던 분이라고 그는 자랑스럽게 말했다.

긴 머리를 꼬불꼬불 볶아놓은 그분의 첫인상은 말 그대로 특이했다. 하지만 특이한 외모와는 달리 그는 굉장히 똑똑한 분이고 스펙 또한 대단했다. 동료는 나의 열정과 티칭 실력에 대해 식사 자리에서 계속 칭찬했다. 그 원장님은 나를 흥미롭게 보더니 물었다. "인강(인터넷 강의) 도전할 생각 없어요?", "외모도 호감형이고 목소리 낭랑하니 좋고 실력 갖춰져 있으니 도전해도 좋을 것 같은데?", "그쪽에 아는 사람이 많아서 본인이 원한다고 하면 연결해줄 수 있어요."

나는 직감적으로 알았다. '이건 기회다!!' 하지만 나는 자신이 없었다. 나는 영어를 전공한 것도 아니고 유학을 다녀온 것도 아니다. 대학원을 나온 것도 아니었기에 내 스펙이 너무 초라하다 생각했다. 그래서 나는 선뜻 대답하지 못하고 망설였다. 그는 급하게 생각하지 말고 천천히 생각해보라고 말했다.

집으로 돌아온 나는 EBS 강사들의 스펙을 알아보기 시작했다. 그들의 스펙은 언뜻 보기에도 빵빵했다. 그걸 들여다보고 있으니 내 자신이 점점 더 작아졌다.

EBS 강사에 도전하려면 대학원은 필수 코스로 보였다. 내가 이 길에 들어서면 일과 대학원 공부를 병행해야 하는 것은 기정사실이다. 나는 갑자기 대학 4년 내내 공부와 일을 병행했던 힘든 과거가 떠올랐다. 대학을 졸업하면서 내가 뱉은 첫마디가 "이제 돈만 벌면 된다. 세상 행복해."였다. 그런데 그 길을 다시 걸어야 한다는 게 나는 두려웠다.

게다가 '과연 나 같은 평범한 사람이 할 수 있을까?'라는 생각이 떠나지 않았다. 그 당시만 해도 나는 자존감이 굉장히 낮았다. 아무리 생각해도 내가 할 수 있다는 상상이 되지 않았다. 고민 끝에 나는 '내가 할 수 없는 이유'를 찾기 시작했다. 엄밀히 말하면 이유가 아닌 변명거리들을 찾은 것이다. 그렇게 나는 잘못된 믿음과 생각에 사로잡혀 그 기회를 놓쳤다.

기회인 줄 모르고 놓친 기회는 내가 학원을 운영하던 시기다. 나는 윤선생 관리 교사로 근무한 경험을 바탕으로 '윤선생 영어숲'을 인수했다. 내가 인수할 당시 학원의 아이들은 실력이 엉망이었다. 그래서 나는 신입생을 모집하기보다 기존 아이들의 학습 프로세스를 재정비하는 데 온 힘을 다했다. 그 당시 학습 프로그램에 보완이 필요한 부분은 '중등 문법과 내신'이었다. 처음엔 내가 한 명 한 명 설명해주는 방식으로 지도했는데 한계가 느껴졌다. 각 중학교마다 교과서가 다르고 아이들마다 문법 이해도가 달랐기 때문이다.

그렇다고 선생님들께 전부 맡기고 싶지는 않았다. 내가 입시 학원에서 경험한 동료 강사들은 각자 문법의 이해도와 깊이가 너무 달랐기 때문이다. 나는 모든 아이가 같은 깊이의 연결된 문법을 배우길 바랐다. 시험을 위한 문법이 아닌 스피킹을 위한 실용적인 문법 말이다. 해결책을 찾기 위해 고민하던 끝에 나는 아이들을 위한 문법 동영상을 찍기로 결심했다. 나의 아이디어를 들은 지인 원장들은 왜 그렇게 사서 고생을 하냐며 나를 만류했다. 하지만 나는 꿋꿋이 프로젝트에 돌입했다.

아이들도 없이 혼자 설명한다는 게 처음엔 너무 낯설었다. 게다가 촬영하는 데 시간도 굉장히 오래 걸렸다. 그러나 감사하게도 학습 효과는 대박이었다. 나는 '선생님이 아이를 가르치는 방식'이 아닌 '아이가 선생님을 가르치는 방식'으로 공부를 시켰다. 아이들은 집에서 나의 동영상으로 먼저 공부를 하고 학원에 온다. 그리고 자신이 공부한 내용을 선생님께 강의하는 플립 러닝(flipped learning) 방식으로 공부했다.

'가르치기 공부법'은 가장 효율적인 공부법으로 다양한 연구 결과가 있다. 남을 가르치기 위해서 말로 설명을 하면 뇌의 공감각적인 영역을 자극할 수 있다. 그래서 기억력이 좋아진다. 또한 일방적인 수업을 들을 때에는 떠오르지 않았던 부분들이 생각이 나서 논리적 지식화 작용이 일어난다. 그래서 남을 가르치면 진짜 내 것이 된다.

문법 동영상의 효과를 확인한 나는 한국인이 가장 어려워하는 '영작과 스피킹'도 동영상으로 찍기 시작했다. 나는 영어와 한국어 어순의 차이를 아이들이 쉽게 이해할 수 있도록 설명했다. 실전에 적용되는 방식도 자세히 알려줬다. 나는 아이들도 나처럼 '국내에서 영어를 정복'할 수 있도록 돕고 싶었다.

이런 나의 바람은 현실로 나타나기 시작했다. 영어 문장 3개를 외우는 데 종일 걸리던 아이가 스토리 하나를 쉽게 외웠다. 앵무새처럼 외우는 것이 아니라 동시통역 방식으로 말하게 되었다. 그리고 초등 아이들이 교내 영어 말하기 대회에서 상을 쓸어오기 시작했다. 인근 중학교에서는 우리 학원에 다니는 학생이 영어 성적도 좋을뿐 아니라 스피킹도 잘한다는 선생님들의 인정을 받기 시작했다. 나의 노력이 빛을 발하는 것에 대해 나는 뿌듯했다.

우리 학원의 학습 방식이 남다르다는 것을 알고 있는 학부모들은 다른 동네로 이사 가서도 우리 학원으로 아이를 보냈다. 아이를 시간 맞춰 데려오고 데려가는 것이 쉬운 일은 아니었음에도 말이다. 다른 지역으로 이사한 학부모는 새로 간 학원에서 레벨 테스트 결과가 너무 좋다며 감사의 전화를 했다.

내가 학원을 운영하는 동네는 아파트가 오래된 동네다. 그래서 새로운 아파트 단지가 들어설 때마다 많은 학생이 이사를 나간다. 학부모들은 늘 아쉬워하며 새로운 동네에 분점을 낼 생각이 없냐고 묻곤 했다. 나도 더 큰 동네로 가서 더 많은 아이를 돕고 싶은 마음도 있었다. 하지만 '지금 이 정도면 됐어.'라는 안일한 생각에 발목이 잡히곤 했다.

그러던 어느 날 큰언니에게 전화가 왔다. 언니네 학원 근처에 우리 학원과 매우 똑같은 방식의 학원이 있다는 것이다. 그런데 그 학원은 원장이 직접 찍은 강의도 아니고 사설 온라인 강의를 아이들에게 듣게 한다고 했다. 나는 좀 놀랐다. '원장 직강이 아닌 얼굴도 모르는 강사의 강의로 아이들을 가르친다고?' 더 놀라운 것은 그 원장은 이 학습 방식을 프렌차이즈로 만들어서 돈을 번다는 것이었다.

나는 망치로 머리를 한 대 얻어맞은 기분이었다. 나는 수년에 걸쳐 수백 개의 동영상을 만들었다. 그리고 그 동영상을 겨우 한 동네의 아이들에게만 공급했다. 하지만 그녀는 자기가 찍은 동영상도 아닌 남의 동영상으로 시스템을 만들었다. 그리고 그것을 수백, 수천명의 아이들에게 공급했다.

그녀와 나의 차이는 무엇이었을까? 바로 생각의 크기다. 나는 내가 하는 일들이 대수롭지 않은 일이라고 생각했다. 그래서 이 자료들이 얼마나 가치 있는지 알아보지 못했다.

나는 내가 그렇게 대단한 사람이 아니라고 생각했다. 그래서 내가 더 크게 성공할 수 있다고 상상하지 않았다.

나는 내가 가난에서 벗어났으니 이제 괜찮다고 생각했다. 그래서 내가 형편없는 중산층 마인드에 갇혀 있다는 것을 몰랐다.

나는 내가 더 큰 존재가 될 수 있다는 것을 믿지 않았다. 그래서 내가 이룬 작은 성공의 결과를 경비원처럼 지키려고만 했다. 사람이 기회를 놓치는 것은 '작은 생각' 때문이다. '내가 할 수 있을까?'라는 믿음 부족과 '이 정도면 됐어.'라는 안일한 생각 말이다.

우리는 왜 크게 생각하지 못할까? "현실적으로 생각해!", "그런 건 위험하지 않아?"라는 말을 듣고 자랐기 때문이다. 혹시 당신 주변에 "더 크게 생각해야지! 그건 너무 현실적이야!"라는 말을 해준 어른이 있었다면 당신은 이미 큰 성공을 이뤘을 것이다. 하지만 우리는 표준 범위에서 벗어나지 않는 상상과 생각을 강요받으며 자랐다.

우리 아이들 또한 우리가 걸어온 그 길을 걷는 경우가 대부분이다. 아이가 가끔 엉뚱한 상상을 하면 어른들은 "쓸데없는 생각 말고 공부나 해!"라고 핀잔을 준다. 그들의 상상은 현실성이 없어 보이기 때문이다. 우리는 어른들에 의해 작은 생각에 갇혔다. 그리고 어른이 된 우리는 아이들을 작은 생각에 가두고 있다. 이 고리를 이제 끊어야 하지 않을까?

우리는 비합리적으로 상상하고 비합리적으로 생각해야 한다. 이 세상이 합리적인 듯 보이지만 비합리적인 것이 더 많다. 그리고 세상은 비합리적인 것을 더 좋아한다.

우리가 사용하는 스마트폰, 전기차, 3D 프린터 같은 혁신적인 물건들을 보자. 그것들은 한 사람의 비합리적인 상상에서 나온 것이다. 처음엔 비합리적으로 보이던 물건들이 이제는 꽤 합리적으로 보이지 않는가?

우리는 '현실성이 없다.'라는 이유로 아이의 상상력을 막아서는 안 된다. '위험해 보인다.'라는 이유로 그들이 더 크게 생각할 기회를 막아서는 안 된다.

우리가 속했던 표준 범위의 삶은 그들이 큰 생각을 할 수 없게 만든다.

그들이 큰 생각을 할 수 없다는 것은 그들의 능력을 아주 조금 사용한 삶을 산다는 것이다. 그리고 그들이 이루는 성공은 아주 작은 성공일 것이다. 성공은 생각의 크기를 뛰어넘지 못하기 때문이다.

아이가 더 크게 상상하고 생각할 수 있도록 길을 열어주자. 부모는 아이가 기회를 잡는 데 방해꾼이 되어서는 안 된다. 세상이 그들에게 불가능하다고 겁줄 때 그들의 방패막이 되어줘야 한다.

02

혼자 생각하는 힘을 가진 아이로 키워라

얼마 전 나는 교육 정보 커뮤니티에서 한 엄마의 고민을 읽었다.

"아직 저학년인 저희 아이는 직관적으로 답이 바로 나오는 문제는 잘 풉니다. 과목과 상관없이 모두 말이죠.

하지만 조금이라도 생각해서 풀어야 하는 문제가 나오면 다 틀립니다. 왜 이렇게 엉망인지 물어보면 생각하기 싫다고 대답을 해요.

한번은 함께 보드게임을 하자고 했는데 게임 방법을 알아야 할 수 있는 게임이라 싫다는 거예요. 그 방법조차 알고 싶지 않은 거죠.

아이가 일기를 쓰든 글을 쓰든 5분 안에 써 내려가는 걸 보면서 처음엔 신기했어요. 어떻게 저렇게 빨리 잘 쓰는 건지 기특하기도 했어요. 하지만 이 또한 생각하기 귀찮아 의식의 흐름대로 썼던 것 같아요.

수학 문제집을 풀 때 제가 지켜보고 있으면 정답률이 올라가고 혼자 풀어보라고 두면 시험지에 비가 내린답니다. 빨리 끝내고 놀고 싶은 마음 때문에 막 푼다고 생각이 되더군요. 그래서 많이 틀리면 공부 시간이 늘어난다고 얘기를 했는데 결과는 같아요. 제 생각에 아이가 문제를 이해하지 못하는 것이 아니라 수학을 풀어내는 과정이 귀찮아서 생각하지 않으려는 느낌이에요."

그 엄마는 최근에야 아이의 진짜 문제점이 '생각하기 싫어한다.'라는 것을 깨달았다고 말했다. 그리고 아이가 '생각하는 힘'을 어떻게 길러줄 수 있는지 의견을 구했다.

그녀의 글에는 많은 부모의 위로와 조언의 댓글이 달렸다. 자신의 아이도 '생각하기 싫어한다.'며 그녀에게 공감하는 글도 많았다.

나는 어떤 해결책이 제시되는지 궁금해 댓글을 살펴봤다. 부모들은 '학원'과 '학습지', '문제를 푸는 요령', '독서'를 많이 추천했다. 그런데 내가 그들의 글 속에서 느낀 것은 '아이가 문제를 잘 풀도록 돕는 팁'을 알려주는 느낌이었다. 아이가 '혼자 생각하는 힘'을 길러 주기 위한 팁이 아니고 말이다.

아이에게 정말 필요한 것이 정답률을 높이기 위한 사고력일까? 문제를 잘 푸는 사고력을 갖춘다는 것이 '생각하는 힘'을 갖췄다는 의미일까?

나는 20년째 아이들을 가르치고 있다. 이렇게 오랜 시간 아이와 학부모를 접하다 보니 자연스럽게 그들을 관찰하게 된다. 내가 최근 7년간 가장 많이 느낀 것은 '아이들이 질문을 많이 한다.'이다. 질문을 하면 좋은 것 아닌가? 물론 그렇다. 하지만 어떤 질문을 하느냐에 따라 상황은 달라진다.

아이들이 많이 하는 질문은 자신의 '지적 호기심'이나 '학습 내용 확인'의 질문이 아니다. 요즘 아이들에게 보이는 안타까운 모습은 '선생님의 말을 이해하지 못한다.', '글 읽는 것을 싫어한다.', '글 내용을 이해하지 못한다.', '인내심이 부족하고 급하다.'이다.

'선생님의 말'이란 것은 '학습 내용'이 아닌 '지시 사항'을 의미한다. 예를 들어 "23쪽까지 다 풀면 채점하고 오답하자. 그다음 컴퓨터로 가서 문법 설명하는 동영상 찍으면 돼. 거기까지 마치면 선생님한테 검사 받을 거야."

이것은 너무나 당연한 학습 프로세스다. 문제를 풀었으면 채점을 하고, 틀린 답은 오답을 해야 한다. 오답까지 마쳐서 확실히 이해했으면 설명하는 영상을 찍음으로써 완벽히 자기 것으로 만드는 것이다. 그리고 학습을 마무리했으니 내가 얼마나 잘했는지 선생님께 검사를 받으면 되는 것이다.

그런데 이 지시 사항을 들은 아이는 문제 풀기를 마친 후 질문한다.

"선생님, 뭐 해요?" 여기서 아이란 초등 고학년과 중학생을 의미한다.

그리고 가끔은 숙제를 카톡에 자세히 설명했음에도 카톡이 온다. "선생님, 숙제 뭐 해요?" 아이는 숙제 안내 글을 읽지 않았거나 읽은 내용을 이해하지 못한 것이다.

또 다른 안타까운 모습은 문해력 부족이다. 중등부는 고등 모의고사를 준비해야 하는 시기다. 그리고 고등 모의고사는 비문학 지문이 많다. 그렇다 보니 영어 지문을 잘 해석한다고 문제를 풀 수 있는 것이 아니다. 글을 이해하고 출제자의 의도까지 파악해야 문제를 풀 수 있다. 결국 이것은 영어 실력과 문해력이 둘 다 갖춰져 있어야 가능하다.

언제가부터 영어 실력이 좋아도 정답을 못 찾는 아이들이 늘어나기 시작했다. 그래서 급한 마음에 나는 국어 독해력 프로그램을 도입했다. 이렇게 억지로라도 글을 읽고 주제를 찾게 훈련하니 도움이 조금은 되는 것 같았다. 하지만 이런 장치는 아이의 문제 푸는 스킬을 향상시킬 뿐이다. 진짜 사고력을 확장하는 것은 아니다. 공부를 잘한다고 그 사람이 '생각하는 힘'을 가졌다고 보기는 어렵기 때문이다.

왜 아이들은 점점 더 생각하지 않으려 할까? 여러 가지 원인이 있겠지만 너무 이른 나이에 영상 매체를 접하는 것이 가장 큰 원인이라고 나는 생각한다. 물론 아이는 영상 매체를 통해 간접 경험을 할 수 있다. 그래서 어려운 내용을 쉽게 이해할 수 있다. 귀로 들은 내용은 20% 기억한다고 하면 눈으로 본 것은 50% 기억하기에 더 오래 기억할 수도 있다. 하지만 성인처럼 전두엽의 사고 기능이 활성화되지 않았기 때문에 과도한 영상 노출은 영상과 집착 관계를 형성할 수 있다. 애착 인형이나 애착 베개처럼 말이다.

또한 영상은 후두엽만 자극해서 아이의 사고 능력을 떨어뜨릴 수 있다. 기억 효과가 높다고 영상으로만 교육을 진행할 경우 전두엽 발달이 저하되어 사고력, 추리력, 표현력이 떨어질 수 있는 것이다. 무엇보다 영상은 책을 통해 배우는 것보다 재미있고 쉽게 기억되기 때문에 아이가 책을 멀리하는 계기가 될 수 있다.

또 다른 원인으로 '생각할 기회와 여유'가 없다는 것이다. 아이들은 학교가 끝난 후 각자 학원으로 향한다. 다양한 학원이라 해도 다양한 생각을 할 기회는 거의 없다. 많은 학원이 '창의력 사고'를 내세워 광고하지만, 나는 학원에 다녀서 창의력이 좋아졌다는 아이는 지금까지 보지 못했다. 그리고 아이의 '창의력 향상'을 어떤 기준으로 측정할 수 있다는 말인가?

마지막으로 '문제 해결 또는 선택의 기회' 부족이다. 우리는 나에게 문제가 닥쳤을 때나 선택을 해야 할 때 가장 많은 생각을 한다. 그래서 많은 문제를 만날수록 성장의 기회도 함께 따라온다. 우리 부모님의 세대는 말 그대로 먹고살기 바쁘셨다. 그래서 우리에게 많은 개입을 할 여유가 없었다. 그렇다 보니 친구와의 작은 다툼, 학교 선택, 진로 등 크고 작은 문제와 선택들은 모두 우리 몫이었다.

하지만 언젠가부터 부모들은 아이의 삶에 너무 많은 개입을 하기 시작했다. 그리고 '개입'은 '간섭'으로 둔갑해 아이 스스로 '문제를 해결해볼 기회'와 '선택의 기회'를 박탈했다. 부모의 간섭이 달갑지 않은 아이는 여러 형태로 반항도 해본다. 하지만 조금씩 '엄마 주도의 문제 해결과 선택'에 익숙해져간다. 그리고 어느 순간 부모의 간섭 없이는 문제 해결도 선택도 어렵게 느껴진다.

인도의 사상가 타고르는 "스스로 생각하는 사람만이 자유를 얻는다."라고 말했다. 아이에게 생각하는 힘이 필요한 것은 단순히 문제를 잘 풀고 시험을 잘 보기 위해서가 아니다. 진정한 자유를 느끼며 잘 살기 위해서다.

한동안 '자기 주도'라는 말이 크게 유행하며 너도나도 '자기 주도 학습법'을 강조했었다. 하지만 진정한 '자기 주도'는 '혼자 생각하는 힘'을 가질 때 가능하다. 그리고 '혼자 생각하는 힘'은 혼자 있는 시간에 자기에게 집중하는 경험을 할 때 조금씩 커갈 수 있다.

누군가는 '혼자 생각하는 힘'을 기를 수 있도록 부모가 어떠한 역할을 해야 하는지 말해주길 기대했을지 모른다. 하지만 나는 부모의 'To do list' 대신 'Not to do list'를 말하고 싶다.

아이가 마음껏 상상할 수 있도록 간섭을 최소화해보자. 아이가 스스로 문제를 해결할 수 있도록 기회를 주자. 아이가 선택하고 책임지는 경험을 할 수 있도록 기다려주자.

아이에게 빈 공간이 허락될 때 아이는 그 공간을 스스로 채워나가기 시작할 것이다. 그리고 그 과정에서 조금 더 단단해질 것이다. 아이가 혼자 생각하는 힘을 키울 수 있도록 용기를 주자. '생각하는 힘'과 '용기'로 아이는 자신의 삶을 주도적으로 개척할 것이다.

03

독서는 기본,
글쓰기는 필수이다

'초등 성적은 엄마 성적, 중등 성적은 학원 성적, 고등 성적은 학생 성적'이란 말을 들어 봤는가? 초등학교 때 공부를 잘하던 아이가 중학교에 진학하면서 갑자기 성적이 떨어지는 일은 많다. 고등학교에 진학할 때도 마찬가지다.

요즘 초등학교 시험이 사라졌기에 엄마가 성적에서 해방된 것은 참으로 다행스러운 일이다. 하지만 많은 아이가 초등부터 학습지와 학원을 접한다. 그래서 학원 성적의 시작은 사실상 초등부터로 볼 수 있다.

얼마 전부터 우리 학원 아이들은 기말고사 준비를 시작했다. 자유 학년제로 1년간 시험이 없던 중학교 2학년 친구들이 가장 힘들어한다. 시험 기간 내내 아이들은 '어렵다'라는 말을 반복한다. 왜 그렇게 어렵다고 생각하는지 물으면 "공부할 게 너무 많고 교과서가 어려워요."라고 말한다.

시험이란 것이 한 과목만 보는 게 아니기 때문에 공부량이 부담스러운 것이다. 게다가 갑자기 어려워진 교과서를 감당하지 못하는 아이도 많다. 실제로 중학생의 70%가 교과서를 읽고 이해하는 능력이 현저히 떨어진다고 한다.

왜 아이는 오랜 시간 사교육에 '시간, 돈, 에너지'를 쏟아부었음에도 상급 학교에 진학하면 성적이 떨어질까?

나는 두 가지 원인이 있다고 생각한다. '의존적 학습'과 '독서 부족'이다. '의존 학습'은 '자기 주도 학습'의 반대 개념이라 할 수 있다.

'자기 주도 학습'이란 무엇일까? 학습자가 학습을 계획하고, 실행하고, 평가하는 모든 과정의 주체가 되는 것이다.

많은 부모가 자기 주도 학습에서는 사교육을 절대 받지 않고 혼자 공부하는 것으로 생각한다. 그러나 그렇지 않다. 학습자의 부족한 부분을 보완할 수 있는 방법을 찾고 그 방법이 사교육이라면 언제든 선택할 수 있다. 하지만 이는 선택의 영역이지 필수는 아닌 것이다.

초등학교 3학년에 만나 중학교 3학년까지 나와 함께한 한 아이가 생각난다. 아이는 머리가 명석해서 설명해주는 것을 빨리 이해했다. 공부 욕심도 있고 의사라는 목표가 뚜렷해서 학교 성적도 좋았다.

아이는 초등 저학년부터 공부방에서 수학뿐 아니라 전 과목을 배우고 있었다. 어느 날 내가 물었다. "중학생 되어서도 공부방을 왜 계속 다녀? 수학만 배워도 충분하지 않니?" 아이는 대답했다. "전 과목 다 설명해주니까 시험 준비가 편해요." 공부방이나 종합 학원에 전 과목을 의존하다가 고등학교 때 부작용을 겪은 아이를 나는 많이 봤다. 그래서 아이가 걱정됐으나 그는 익숙한 방식에서 벗어날 마음이 없어 보였다. 그렇게 아이는 중3에 우리 학원을 졸업했다.

그로부터 1년 후 아이가 학원으로 찾아왔다. 고등학교 입학 후 영어, 수학을 제외한 과목 성적이 바닥을 친다며 답답한 심정을 털어놓았다. 내가 예상했던 대로 내신 성적보다 모의고사 성적이 낮다고 했다. 본인은 의사가 되고 싶은데 이 성적으로는 전혀 가망이 없어 보인다며 속상해했다. 나는 그가 시험 준비를 어떻게 하는지 상세히 설명해보라고 했다.

전 과목 선생님의 설명에 익숙해진 그는 역시나 스스로 공부하지 못하고 있었다. 그래서 친구를 따라 종합 학원에 갔다. 하지만 학원에서 보내는 시간이 너무 길어 늘 공부 시간이 부족했다. 그리고 수면 부족으로 수업 시간에 집중하지 못했다.

나는 그에게 스스로 이해가 될 때까지 교과서를 읽고 또 읽으라고 말했다. 빠른 이해를 원하면 수업 시간에 집중해야 한다는 것도 당부했다. 그렇게 노력해도 도저히 이해가 안 될 때 EBS 강의 도움을 받으라고 했다. 그리고 시험 준비 기간을 한 달 반으로 늘려 보라고 말했다. 그는 한 번도 안 해본 공부 방식에 잔뜩 겁먹어 보였다. 하지만 그에게 다른 선택의 여지는 없었다.

그는 공부법을 바꾼 후 첫 시험에서 바로 효과를 봤다. 물론 성적이 엄청나게 오른 것은 아니었다. 하지만 평균 성적이 올랐고 그는 희망을 보았다. 비로소 그의 자기 주도 학습이 시작된 것이다.

EBS에서 6부작으로 방영된 〈당신의 문해력〉이 화제를 모은 가운데 '한국인의 문해력 저하'라는 키워드의 글들이 소셜 미디어에 쏟아져나왔었다. 연령대별로 문해력 점수가 벌어졌는데 45세 이후에는 하위권의 점수를 기록했다. 그럼 45세 이전의 문해력은 안전한가? 그렇지 않다. 특히 한국 학생들의 문해력이 점점 낮아지고 있다.

학생들의 문해력이 낮아진 이유로 많은 전문가가 '독서 부족'을 지목했다. 독서를 통해 다양한 배경지식을 쌓을 때 문해력이 높아지는데 요즘 아이들의 손에 들려진 것은 책이 아닌 스마트폰이다. 세계적으로 문맹률이 가장 낮은 나라인 한국은 이렇게 '실질적 문맹'을 앓고 있다.

문해력이 중요한 이유는 새로운 지식과 정보를 받아들이는 데 필요한 가장 기초적인 역량이기 때문이다. 그래서 문해력이 부족하면 국어뿐 아니라 모든 과목에서 영향을 받는다. 그뿐만 아니라 문해력 부족은 한 사람의 사회활동, 경제 활동에도 영향을 준다. 많은 디지털 세대의 직장인들이 공문서 이해와 작성에 어려움을 호소하고 있다.

이처럼 문해력은 우리 삶과 떼려야 뗄 수 없는 중요한 역량이다. 그리고 우리 모두 반드시 향상해야 할 능력이다.

매리언 울프의 『다시 책으로』에서 말하길 문해력은 노력으로 발달시킬 수 있다고 한다. 그리고 가장 효과적으로 뇌를 발달시키고 창의력을 높이는 활동으로 독서를 권한다.

인간은 안타깝게도 글을 읽는 뇌를 가지고 태어나지는 않는다. 그래서 글을 읽으면서 뇌의 회로를 바꿔야 한다고 한다.

"좋은 책을 읽는다는 것은 몇백 년 전에 살았던 가장 훌륭한 사람과 대화하는 것이다."라고 르네 데카르트는 말했다. 하지만 평소에 독서를 안 하던 사람에게 책 읽기는 숙제와 같다. 그래서 시작은 자신이 흥미를 느끼는 분야의 책을 선택하는 게 좋다. 흥미를 느껴야 지속하는 힘이 나오기 때문이다. 독서 습관이 정착된 후에 다양한 분야로 확장해도 늦지 않다.

많은 책을 읽는 다독도 중요하지만 나는 반복 읽기, 토론 그리고 글쓰기를 추천하고 싶다. 사람은 망각의 동물이라 참으로 금방 잊는다. 그래서 좋은 책은 여러 번 읽어 삶의 지침으로 삼는 것이 좋다.

독서 후 토론은 내가 꼭 기억하고 싶은 내용 또는 가장 인상적인 내용을 누군가와 논의하며 내면의 세계를 변화시킬 수 있다. 자기만의 생각에 갇히는 것이 아니라 타인의 생각을 통해 관점을 넓힐 수 있기 때문이다. 그래서 꾸준히 독서 토론에 참여하면 독해력과 사고력, 표현력과 청취력을 모두 높일 수 있다.

내가 처음 MF Care 독서 모임을 시작했을 때 학부모들은 자신의 의견과 생각을 표현하기 어려워했다. 그래서 질문에 항상 짧게 답변했다. 하지만 꾸준한 참여로 그들은 더 깊이 있는 토론을 할 수 있게 되었다. 이것은 능력이 아닌 연습과 훈련의 영역이기 때문이다.

그리고 엄마가 독서 토론의 훈련이 되면 가정의 문화가 변할 수 있다. 아이에게 "책 좀 읽어!"라고 말하며 TV를 보는 엄마는 설득력이 없다. 하지만 독서 모임에 참여하는 모습을 보여주고 자신이 느낀 점을 아이와 나누는 엄마는 독서에 대한 설득력이 굉장히 높다. 또한 엄마의 주최로 가족 독서 모임을 진행할 수도 있게 된다. 이러한 가족 문화는 아이 인생 전체에 긍정적 영향을 줄 것이다.

아마존 창업자 제프 베조스는 "글쓰기가 사고력을 개발하는 데 전부다."라고 말했다. 그리고 우리의 삶은 '사고력'에 의해 결정된다고 해도 과언이 아니다.

게다가 이제는 '영상 전성시대'라 할 정도로 '콘텐츠 생산 능력'이 대접받는 시대가 되었다. '콘텐츠 생산 능력'은 글쓰기 능력과 밀접한 연관이 있다.

이처럼 독서, 토론, 글쓰기는 한 사람의 삶을 한 차원 업그레이드 할 수 있는 최고의 도구다. 그리고 아이와 부모 모두에게 필요한 도구다. 누군가는 이미 이 도구들을 사용해 더 풍요롭고 만족스러운 결과를 내고 있다. 우리도 공짜로 주어진 도구를 사용하지 않을 이유가 없지 않은가?

독서는 우리 삶에 기본이다. 그리고 토론과 글쓰기는 우리 삶에 필수다. 당신도 당신의 아이도 이 도구를 꼭 사용하길 바란다.

04

열심히만 하지 말고 다르게 하라

나의 외할머니는 매우 똑똑한 분이었다. 할머니는 학교에 다니지 않으셨다. 하지만 독학으로 한글을 배우셨다. 게다가 한자와 일본어도 혼자 공부하셔서 일본인들을 대상으로 장사를 하셨다. 돌이켜 생각해보면 할머니는 시대를 잘못 타고난 분이었다. 지금 시대에 태어나셨다면 자신의 기량을 맘껏 펼치며 멋지게 사셨을 분이다.

할머니는 우리에게 가끔 말씀하셨다. "너희들이 어른이 되면 물도 사 마시고 공기도 사 마실 거야." 이런 얘기를 들을 때면 나는 할머니가 좀 이상해 보였다. '수돗물도 공기도 공짜로 마실 수 있는데 도대체 누가 돈을 주고 사 마신다는 거지? 물장사나 공기 장사를 하는 사람은 분명 망할 거야.' 나는 속으로 생각하곤 했다.

그런데 내가 대학생이 된 어느 순간부터 수돗물이 안전하지 않다는 인식이 퍼져나갔다. 나는 울며 겨자 먹기로 편의점에서 생수를 사 마시기 시작했다. 그리고 집에서도 생활용수로 수돗물을 사용했지만 먹는 물은 정수기를 사용했다. 정부에서는 수돗물을 안심하고 마셔도 좋다고 말했지만 누구도 그 말을 믿지 않는 듯했다. '물을 사 마시는 시대가 온다.'라는 할머니의 예언은 현실이 되었다.

그뿐인가? 우리에게 공짜로 주어졌던 공기도 어느 순간 공짜가 아니게 되었다. 미세 먼지가 인체에 악영향을 미친다는 이야기가 퍼져나가면서 공기 청정기 산업도 빠르게 성장했다. 이제 모든 상업 시설과 가정집에 공기 청정기 한 대씩은 놓여 있다. '공기도 사 마시는 시대가 온다.'라는 할머니의 예언은 또 다시 현실이 되었다.

과거에 우리에게 당연하던 것들이 당연하지 않게 되었다. 그리고 현재 우리에게 당연한 것들이 미래에 당연하지 않을 수 있다.

또는 과거에 우리에게 당연하지 않던 것들이 당연하게 되었다. 그리고 현재 우리에게 당연하지 않은 것들이 미래에 당연할 수 있다.

그래서 우리는 '당연함'에 대해 생각해봐야 한다.

『관점을 디자인하라』의 저자 박용후 작가는 "벤치마킹의 시대는 갔다. 이제 퓨처마킹의 시대다."라고 말했다. 성공 사례를 벤치마킹할 것이 아니라 미래 사람들의 생각과 생활을 미리 읽어야 한다는 것이다.

그는 사람들이 보지 못하는 세상을 보려면 다른 사람과 똑같이 생각하고 똑같은 관점을 가져서는 안 된다고 말한다. '당연'은 보편화되고 표준화된 관점이다. 이것을 우리 내면에서 재고하고 깨트려보지 않는다면, 우리는 '당연함'이라는 우물에 갇혀 우물 밖 세상을 모르고 살아갈 수 있다.

우리 삶에는 참으로 많은 '당연함'이 있다. 우리 대부분은 학교를 졸업하고, 대학을 가고, 취업하고, 결혼하고, 아이를 낳는 안정적인 삶을 살다가 적당한 나이에 퇴직한다. 그리고 내 아이도 나와 같은 안정적인 삶을 살기를 바란다.

하지만 시대의 변화에 따라 내게 '당연한 것'이 내 아이에게는 '당연하지 않은 것'이 될 수 있다. 그리고 내게 '당연하지 않은 것'이 내 아이에게는 '당연한 것'이 될 수도 있다. 그래서 현재 부모의 관점으로 아이 삶의 로드맵을 정하는 것은 바람직하지 않다. 벤치마킹이 아닌 퓨처마킹을 해야 하기 때문이다.

그렇다면 우리는 어떻게 내 아이가 '당연함'의 우물에 갇히지 않도록 도울 수 있을까? 부모가 먼저 그 우물에서 벗어나야 한다.

『핑크 펭귄』의 저자 빌 비숍은 그가 책 제목을 핑크 펭귄으로 하게 된 계기로 〈펭귄의 위대한 모험〉이라는 영화를 언급했다. 그 영화는 남극 대륙에 사는 펭귄의 생태를 담은 다큐멘터리 영화였다.

영화에서 그에게 특히 관심이 갔던 부분은 수천 마리 펭귄들이 옹기종기 모인 장면이었다. 그 모든 펭귄이 똑같아 보인다는 사실에 그는 흥미를 느꼈다. 실제로 펭귄들조차 자신의 짝을 알아보지 못해 어려움을 겪는다고 한다. 펭귄들조차 서로가 똑같아 보인다는 얘기다.

그는 대부분의 비즈니스 종사자들이 이와 동일한 문제를 겪고 있다는 생각이 떠올랐다. 다른 경쟁자들과 똑같아 보이는 문제 말이다.

이는 비즈니스 종사자들만의 문제가 아닐 수 있다. 우리도 모두 똑같아 보이는 검정 펭귄의 삶을 살기 때문이다.

누군가는 '검정 펭귄이 뭐가 어떻다는 거지?'라는 의문을 가질 수 있다. 물론 검정 펭귄으로 사는 것도 나쁘지 않다. 하지만 우리 모두 검정 펭귄의 삶에 만족한다면 내면의 고민이 없어야 하지 않을까? 안타깝게도 우리 대부분은 크고 작은 내면의 고민과 함께 살아간다.

2003년부터 2016년까지 14년 연속 OECD 자살률 1위는 대한민국이었다. 이것이 통계로 보는 지금 우리나라의 현실이다.

우리는 가장 안전해 보이는 검정 펭귄의 삶을 추구한다. 하지만 가장 안전하지 않은 삶이 검정 펭귄의 삶일 수 있다는 것이다. 우리는 각자 자신만의 고유한 색을 갖고 태어났다. 어릴 적에는 그 고유한 색을 뽐내며 여러 가지 모험과 도전을 했다. 하지만 어느 순간 나의 색을 문제 삼는 일들이 발생된다. '모난 돌이 정 맞는다.'라는 말을 내세워 부모님, 선생님, 주변 사람들이 내 몸에 검정 페인트를 발라야 한다고 주장한다.

처음엔 나의 색을 잃고 싶지 않아 버텨본다. 하지만 '튀는 것은 위험해.'라는 말에 조금씩 설득당해간다. 그렇게 우리는 검정 펭귄으로 변해간다. 그리고 어느 순간 나 또한 '검정 펭귄이 안전해.'라는 말을 하는 어른이 되어버렸다.

우리는 왜 '검정 펭귄이 안전해.'라는 말을 믿게 되었을까? 『이카루스 이야기』의 저자 세스 고딘은 산업 시대의 유물로 '생산성과 표준화'를 언급했다.

산업 시대는 생산성을 기반으로 성장했다. 농촌 인구의 대규모 이동과 대중 매체의 성장 그리고 학교 교육과 도로, 시장의 표준화 등이 이때 일어났다.

대학들도 변했다. 대학의 역할이 최고의 지성과 학자들의 안식처에서, 높은 사회적 지위를 꿈꾸는 엘리트 양성소로 변했다. 넘치는 수요를 감당하기 위해 대학들도 산업화된 형태로 커리큘럼을 마련했다. 대학들은 저마다 평가 순위를 통해 경쟁적으로 인지도를 높이고, 이수 과목과 시험 및 평가 방식을 표준화했다. 산업 시대에 표준화는 선택이 아니었다.

이렇게 우리는 '표준화'에 익숙해졌고, 표준화만이 살길이라고 믿게 되었다. 하지만 산업 시대의 힘과 영향력은 점차 시들어가고 있다. '표준화'는 더 이상 우리에게 '안전'을 보장할 수 없다. 그래서 우리가 안전만을 고집해서는 발전도 기회도 없다. 이제 우리는 과감히 표준화를 벗어나야 한다. 우리 몸을 뒤덮고 있던 검정 페인트를 씻어내야 한다.

평생에 걸쳐 칠해진 검정 페인트에서 벗어나기란 쉽지 않다. 하지만 우리는 마음속의 저항과 맞서 싸워야 한다.

그레이스 호퍼는 말했다. "그간 우리에게 가장 큰 피해를 끼친 말은 '지금껏 항상 그렇게 했어.'라는 말이다."

우리는 '당연함'의 우물에 갇혀 검정 페인트를 뒤집어쓴 채 '표준'의 삶을 추구해왔다. 그것이 가장 안전한 길이라고 믿었기 때문이다. 하지만 그 길이 더 이상 안전한 길이 아니라면 용기를 내서 벗어나야 하지 않을까? 열심히만 하는 것은 충분하지 않다. 다르게 해야 한다. 그리고 나의 용기 있는 선택은 내 아이에게 고유의 색을 찾아줄 것이다.

05

아이의 미래를 바꾸는 힘은 개방적 사고이다

당신은 '프로크루스테스'를 아는가? 프로크루스테스는 그리스 신화에 나오는 인물로, 힘이 엄청나게 센 거인이자 노상강도였다. 그는 아테네 교외의 언덕에 살면서 길을 지나가는 나그네를 상대로 강도질을 일삼았다.

특히 그의 집에는 철로 만든 침대가 있었는데, 프로크루스테스는 나그네를 붙잡아 자신의 침대에 눕혀놓고 나그네의 키가 침대보다 길면 그만큼 잘라내고, 나그네의 키가 침대보다 짧으면 억지로 침대 길이에 맞추어 늘여서 죽였다고 한다.

그러나 그의 침대에는 침대의 길이를 조절하는 보이지 않는 장치가 있어, 그 어떤 나그네도 침대의 길이에 딱 들어맞을 수 없었다. 그리고 결국 모두 죽음을 맞을 수밖에 없었다.

'프로크루스테스의 침대'라는 용어는 이 신화에서 유래된 것으로 자기의 기준으로 다른 사람의 생각을 억지로 자신에게 맞추려고 하는 횡포나 독단을 의미한다.

내가 이 이야기를 읽었을 때 나는 어떤 모습인지 생각해보았다. '나는 프로크루스테스처럼 누군가를 침대의 틀에 맞춰 늘리거나 자르는 사람인가? 아니면 프로크루스테스의 수많은 희생자 중 하나인가?'

나의 결론은 '프로크루스테스이자 희생자' 둘 다였다. 이 글을 읽는 당신 또한 두 역할을 모두 했을 가능성이 높다. 생각해보자. 나의 기준으로 다른 사람의 생각을 나에게 맞추려 한 적이 없었던가? 누군가의 기준에 내 생각을 맞추도록 강요받은 적이 없었던가?

공부에 전혀 흥미가 없던 나는 중학교 때 공부를 시작함으로써 작은 성공을 맛보았다. 그리고 이 경험은 내가 크고 작은 시련을 이겨내는 데 큰 도움을 줬다. 나는 공부로 삶을 바꿀 수 있다는 기준을 갖게 되었다. 그리고 이 기준으로 아이들을 설득하려 했다. 하지만 이 기준이 모든 상황에 맞는 것은 아니다. 그리고 모든 사람에게 맞는 것도 아니다.

개인의 삶, 가정과 사회를 유지하기 위해 일정한 기준은 분명 필요하다. 하지만 그 하나의 기준을 모두에게 적용할 수는 없다. 그래서 우리는 '나의 기준'도 '남의 기준'도 맹목적으로 따르기보다 깨어 있는 사고로 바라봐야 한다. 우리가 합리적 의심을 할 때 사고를 확장하고 더 나은 방향으로 나아갈 수 있기 때문이다.

나에게는 새로운 눈으로 세상을 바라보게 해준 고마운 사람이 있다. 나의 남편이다. 나는 그의 추천으로 내 생에 가장 두껍고 어려운 책을 읽었다. 나심 니콜라스 탈레브의 『안티프래질』이다.

'프래질(fragile)'은 '부서지기 쉬운, 취약한, 허술한'을 뜻하는 단어다. 당신은 그것이 포장 상자에 쓰인 것을 종종 봤을 수 있다. 상자 안의 물건이 충격에 취약할 때 상자 밖에 'fragile'이나 '파손 주의'를 적어놓는다.

'프래질(fragile)'의 반의어로 나심 니콜라스 탈레브가 만든 '안티프래질(antifragile)'은 어떤 의미일까? 당신은 '부서지지 않는, 탄력적인, 단단한'의 의미를 예측했을 것이다. 하지만 안태프래질은 '회복력 혹은 강건함' 이상의 의미를 갖는다. 그것은 충격을 받을수록 더 단단해지는 성질을 의미한다. 그래서 프래질은 충격을 피하려는 반면 안티프래질은 충격을 반긴다. 즉 무작위적인 사건이나 충격에서 손실보다 이익이 더 큰 것이 안티프래질한 것이다.

예를 들어 모닥불에 부는 바람은 불길을 더 살려준다. 실험실의 동물에게 칼로리 공급을 줄이면 수명이 오히려 늘어난다. 우리 몸에 적당한 하중이 가해질 때 뼈는 더욱 단단해진다. 면역력을 높이기 위해 독성 물질을 소량으로 투입하면 내독성이 생긴다. 이 방법은 백신 접종이나 알레르기 약에 많이 사용된다.

이처럼 외부의 충격을 받지 않는 상태가 아니라 충격은 받지만 이를 통해 더욱 강해지고 성장하는 것이 안티프래질이다.

우리가 살아가는 세상은 수많은 사람이 서로 영향을 주고받으며 살아가는 복잡계다. 그리고 복잡계에서 모든 것을 예측하기란 어렵다. 그래서 우리는 안티프래질의 삶을 추구해야 한다. 이 글을 쓰고 있는 나에게도 이것은 쉽지 않은 일이다. '가변성, 무질서, 불확실성, 다양성, 우연, 무작위성, 스트레스 요인'을 반가워하기란 누구에게도 쉽지 않기 때문이다.

하지만 우리가 프래질한 삶에 안주하면 우리는 시간 속에서 부서질 수밖에 없다. 그리고 프래질한 삶을 내 아이에게 물려줄 수밖에 없다. 나도 모르게 내가 '프로크루스테스'가 되어 프래질한 나의 기준에 아이의 생각을 맞추기 때문이다.

니체는 "나를 죽이지 못한 것은 나를 더 강하게 만든다."라고 말했다. 우리가 '가변성, 무질서, 불확실성, 다양성, 우연, 무작위성, 스트레스 요인'과 같은 충격을 삶의 일부로 당연히 받아들일 때 우리는 더 강해진다.

안티프래질의 삶을 선택하기 위해 당신에게 필요한 것은 바로 '열린 사고'다. 내 기준과 내 생각이 틀릴지 모른다는 합리적 의심 말이다. 지금껏 내가 가졌던 기준과 생각이 틀렸다면 더 나은 원칙을 받아들이면 된다.

지구에서 가장 혁신적인 기업 가운데 하나로 평가받는 '브리지워터 어소시에이츠'의 창립자 레이 달리오는 2018년 『원칙』이라는 책을 세상에 내놓았다. 최근까지 그는 자신의 기업 시스템을 대부분 비밀로 유지하고자 했다. 하지만 은퇴를 앞두고 자신의 이야기를 공유하기로 결정했다.

그는 말했다. "최고의 인생을 살기 위해서 당신은 무엇이 최선의 결정인지 알아야 한다. 그리고 그 결정을 내릴 용기가 있어야 한다."

그는 좋은 의사결정을 내리는 데 있어 두 개의 장벽이 존재한다고 말했다.

첫 번째는 '자아 장벽'이다. 우리에게는 논리적이고 의식적인 '고차원의 자아'와 감정적이고 무의식적인 '저차원의 자아'가 있다. 이 둘은 우리를 통제하기 위해 끊임없이 싸운다.

늦은 밤 치맥의 유혹을 뿌리치지 못한 경험이 있는가? 먹을 당시엔 행복하다. 하지만 다음 날 아침 후회의 감정이 밀려온다. '내가 왜 먹었을까?' 그것은 저차원의 자아가 고차원의 자아를 이겼기 때문이다. 저차원의 자아는 고차원의 자아를 늘 방해한다. 그래서 우리의 삶은 두 자아의 끊임없는 다툼이다.

두 번째는 '사각지대 장벽'이다. 우리는 자신만의 방식으로 사물을 본다. 사물을 이해하는 범위도 각각 다르다. 그래서 모든 사람에게는 자신이 보지 못하는 '사고의 사각지대'가 존재한다. 자신이 보지 못하는 것을 이해할 수 없는 것은 당연하다. 안타깝게도 많은 사람이 자신에게 '사고의 사각지대'가 존재한다는 것을 알지 못한다.

그들은 늘 자기 생각이 옳다고 고집을 부린다. 그들의 사고방식은 닫혀 있다. 이런 폐쇄된 사고방식은 기회를 놓치게 하거나 잠재적 위험을 못 보고 지나치게 만든다.

이렇게 두 장벽은 우리가 좋은 결정을 하지 못하게 가로막는다. 그래서 우리는 두 장벽을 뛰어넘기 위한 '개방적인 사고'를 연습해야 한다.

'개방적인 사고'의 첫 단계는 '우리가 언제나 옳다'는 고착된 생각을 버리는 것이다. 우리는 그 자리를 탐구의 기쁨으로 대체해야 한다. 이러한 개방적 사고를 통해 저차원의 자아가 우리를 통제하는 것에서 벗어나야 한다. 그리고 고차원의 자아가 최선의 결정을 내리도록 도와줘야 한다.

개방적 사고를 하는 사람은 의견 충돌이 있을 때 상대방의 의견을 듣고 생각하는 시간을 가치 있게 본다. 그들은 언제나 다른 사람의 관점으로 상황을 바라보려고 노력한다. 그들은 말하는 것보다 듣는 데 집중한다. 그들은 자신의 중심을 잃지 않고 상대방의 생각을 받아들인다. 그들은 자신이 틀릴지도 모른다는 가능성을 열어두고 모든 것에 접근한다.

최고의 인생은 최선의 결정으로 만들어진다. 최선의 결정은 개방적 사고로 만들어진다. 그래서 우리가 개방적 사고를 습관으로 정착한다면 우리는 최고의 인생을 살 수 있다. 어제까지 내가 내린 결정과 내가 만든 습관이 오늘의 내 삶을 만들기 때문이다.

이것은 부모와 아이 모두에게 적용되는 원칙이다. 하지만 부모가 사고의 사각지대에 머문다면 아이의 개방적 사고를 도울 수 없다. 그래서 우리가 먼저 닫힌 사고를 개방해야 한다. 그리고 아이도 그 길을 함께 갈 수 있도록 이끌어야 한다.

06

책 속에 답이 있다

어느 날 부처님이 제자와 함께 길을 걷다가 길에 떨어져 있는 종이를 보게 되었다. 부처님은 제자를 시켜 그 종이를 주워오도록 한 다음 "그것은 어떤 종이냐?"고 물었다. 이에 제자가 대답했다. "이것은 향을 쌌던 종이입니다. 남아 있는 향기를 보아 알 수 있습니다."라고 말했다. 제자의 말을 들은 부처님은 다시 길을 걷기 시작했다.

얼마를 걸어가자 이번엔 길가에 새끼줄이 떨어져 있었다. 이번에도 부처님은 제자를 시켜 새끼줄을 주워오도록 했다. 그리고 전과 같이 "그것은 어떤 새끼줄이냐?"고 물었다. 제자가 다시 대답했다. "이것은 생선을 묶었던 줄입니다. 비린내가 아직 남아 있는 것으로 보아 알 수 있습니다."라고 말했다.

그러자 부처님이 제자에게 말했다. "사람도 이처럼 원래는 깨끗하였지만 살면서 만나는 인연에 따라 죄와 복을 부르는 것이다. 어진 이를 가까이하면 곧 도덕과 의리가 높아가지만, 어리석은 이를 친구로 하면 곧 재앙과 죄가 찾아 들게 마련이다.

종이는 향을 가까이해서 향기가 나는 것이고, 새끼줄은 생선을 만나 비린내가 나는 것이다. 사람도 이처럼 자기가 만나는 사람에 의해 물들어가는 것이다."

중국의 고사성어에도 부처님의 말씀과 같은 의미의 말이 있다. '근묵자흑', 먹을 가까이 하다 보면 자신도 모르게 검어진다는 뜻으로 사람도 주위 환경에 따라 변할 수 있다는 것을 비유한 말이다.

이는 훌륭한 스승을 만나면 스승의 행실을 보고 배움으로써 자연스럽게 스승을 닮게 되고, 나쁜 무리와 어울리면 보고 듣는 것이 언제나 그릇된 것뿐이어서 자신도 모르게 그릇된 방향으로 나아가게 된다는 것을 일깨운 고사성어이다.

이외에도 당신은 '유유상종'이란 고사성어를 들어봤을 것이다. 같은 성격이나 성품을 가진 무리끼리 모이고 사귄다는 뜻으로 비슷한 부류의 인간 모임을 비유한 말이다.

재밌는 것은 영어로도 같은 표현이 있다. 'Birds of a feather flock together.' 같은 깃털을 가진 새들이 모인다는 의미로 같은 성향의 사람들이 함께 모인다는 표현이다.

동서고금을 막론하고 '당신 주변에 어떤 사람이 있는가의 중요성'을 알려주는 많은 표현이 존재한다. 왜 내 주변에 있는 사람들이 이토록 중요할까? 인간은 환경의 동물이기 때문이다.

"You are the average of the five people you spend the most time with. (당신은 당신이 가장 많은 시간을 함께 보내는 5명의 평균이다.)" 성공한 기업가이자 동기부여 강연가 짐 론이 한 말이다.

사람은 자신을 객관적으로 평가하기 어렵다. 그래서 내가 가장 많은 시간을 보내는 내 주변인을 관찰해볼 필요가 있다. 만약 5명이 모든 면에서 나보다 더 낫다면 나만 분발하면 된다. 하지만 내가 모든 면에서 그들보다 낫거나 그들과 내가 비슷한 수준이라면 내 삶을 점검할 타이밍이다.

가난하고 희망 없던 20대 시절의 나는 아르바이트를 같이하는 친구들과 주로 어울렸다. 우리는 동병상련의 마음으로 술잔을 기울이며 세상을 원망했다. 대화의 주제는 '가정환경, 이성 친구에 대한 고민, 취업, 쳇바퀴 도는 삶에 대한 불만' 등이 전부였다. 우리 중 누구도 좀 더 나은 생각을 가지도록 독려하거나 이끄는 사람은 없었다. 그러던 어느 날 나는 한 권의 책을 통해 생각을 바꾸기 시작했다. 나는 그 책을 읽고 또 읽었다. 포스트잇에 희망의 글을 써서 사방에 붙여 놓고 더 나은 미래를 꿈꿨다.

나는 친구들에게 그 책을 적극적으로 추천했다. 하지만 그들은 내가 허황된 꿈에 매달린다며 핀잔을 줬다. 내가 사는 고시원에 놀러 온 한 친구는 사방에 붙은 포스트잇을 보고 내게 '정신병자' 같다고 말했다. 그녀의 말이 내게 상처가 됐지만 나는 그녀를 설득하려고 노력했다.

나는 그들도 술잔을 내려놓고 희망의 메세지를 붙잡도록 돕고 싶었다. 나는 함께 영어 스터디와 독서를 하자고 제안했으나 그들은 가난의 늪에서 나올 마음이 없어 보였다.

결국 나는 그들과의 만남을 줄이고 그들을 멀리하기 시작했다. 이렇게 나는 자발적 왕따를 당했다.

알리바바의 창업자인 마윈은 이렇게 말했다. "세상에서 같이 일하기 가장 힘든 사람은 가난한 사람이다. 자유를 주면 함정이라고 하고 작은 비즈니스를 이야기하면 돈을 못 번다고 하고 큰 비즈니스를 이야기하면 돈이 없다고 한다.

새로운 것을 시도하자면 경험이 없다 하고 정통적인 비즈니스라고 하면 어렵다고 하고 새로운 사업을 하자고 하면 전문가가 없다고 한다.

그들에게는 공통점이 있다. 구글이나 포털사이트에 물어보길 좋아하고 희망 없는 친구에게 의견을 듣는 것을 좋아하고 자신들은 대학교수보다 더 많은 생각을 하지만 장님보다도 더 적은 일을 한다.

내 결론은 이렇다. 당신의 심장이 빨리 뛰는 대신 행동을 더 빨리하고 그것에 대해 생각을 해보는 대신 무언가를 그냥 하라. 가난한 사람들은 공통적인 한 가지 행동 때문에 실패한다. 그들의 인생은 기다리다가 끝이 난다. 그렇다면 현재의 자신에게 물어보라. 당신은 가난한 사람인가?"

독서를 시작하기 전의 나는 분명 가난한 사람이었다. 하지만 나는 책 속의 저자들을 내 삶의 스승으로 모셔왔다. 나는 책 속의 저자들과 대화하는 시간을 가장 사랑했다. 그래서 그들과 가장 많은 시간을 보냈다. 내가 가장 많은 시간을 함께 보내는 5명의 평균이 내가 된다고 하지 않았던가? 현실에서 만나고 대화할 수는 없었지만 많은 저자들은 나의 평균을 높여줬다.

게다가 책을 읽으며 지식과 지혜를 쌓으니 누구를 곁에 두고 누구를 두지 말아야 할지 보는 눈이 생겼다. 내게 주어진 가장 소중한 '시간 자원'을 함부로 쓰고 싶지 않았기 때문이다.

그래서 나는 사람을 사귀는 것에 신중해졌다. 쓸데없는 인간관계가 정리되니 나에게 시간적 여유가 더 생겼다. 그리고 그 시간에 더 많은 저자를 만날 수 있었다.

누군가는 사람 인연을 너무 쉽게 보는 거 아니냐고 생각할 수 있다. 하지만 내 아이라면 뭐라고 말해주겠는가? 담배 피우고 술 마시고 학교도 잘 안 나오는 아이와 친구가 되라고 말하겠는가? 그렇지 않을 것이다. 부모라면 도시락을 싸서 따라다니면서 말릴 것이다. 이것은 아이에게만 해당되는 이야기가 아니다.

사업을 하다 보면 자연스럽게 '재무제표'를 보게 된다. 재무제표는 재산의 변화를 기록한 표인데 이 지표를 가지고 기업을 평가할 수 있다.

이 표에 등장하는 용어로 '자산'과 '부채'가 있다. 자산은 경제적 가치가 있는 재산으로 플러스의 의미다. 반면 부채는 남에게 갚아야 할 재화나 용역으로 마이너스의 의미다.

놀라운 것은 인간관계에도 자산의 관계와 부채의 관계가 있다. 같은 시간을 투자했을 때 내게 플러스가 되는 관계와 마이너스가 되는 관계가 있다는 것이다. 당신이 많은 자산의 관계를 형성해도 부채의 관계를 정리하지 않으면 결국 제자리걸음일 수밖에 없다.

독서가 좋다는 것은 모두 안다. 독서가 중요하다는 것도 모두 안다. 그래서 나는 그것들을 일일이 나열할 마음이 없다.

하지만 누군가 내게 "왜 책을 읽어야 하나요?"라고 묻는다면 이렇게 말하고 싶다. "당신이 가장 많은 시간을 보내는 5명의 평균이 희망적이지 않다면 저자들을 영입하라!" 이것은 아이에게도 마찬가지다. 내가 아이들에게 위인전이나 자서전을 읽도록 권하는 이유이기도 하다. 훌륭한 인물들과 소통하는 아이는 그 인물들을 닮고 싶다는 열망이 생긴다. 그래서 그들은 자연스럽게 '롤모델'을 갖게 된다. '롤모델'은 아이가 삶이라는 항해를 할 때 '등대'가 되어준다. 항해에서 거친 파도와 암초를 마주치지 않을 수는 없다. 하지만 등대의 도움으로 그것들을 미리 보고 피할 수는 있다.

삶에 대한 많은 답이 책 속에서 당신을 기다리고 있다. 당신이 첫 장을 넘길 용기만 낸다면 말이다. 혼자의 힘으로 꾸준히 책을 읽기 어렵다면 내가 운영하는 MF Care 독서 모임에 초대한다. '빨리 가려면 혼자 가고, 멀리 가려면 함께 가라.'라는 말이 있지 않은가? 산책하듯 가볍게 하지만 여행하듯 멀리 가보자. 아무것도 하지 않으면 아무 일도 일어나지 않는다.

07

부모의 프레임에서 벗어나면 아이의 삶이 바뀐다

'나르시시즘'을 아는가? 나르시시즘은 그리스 신화에서 호수에 비친 자기 모습을 사랑하며 그리워하다가 물에 빠져 죽어 수선화가 된 나르키소스(Narcissos)라는 미소년의 이름에서 유래되었다. 프로이트(Freud)가 이 말을 정신분석학에서 '자아의 중요성이 너무 과장되어 자기 자신을 너무 사랑하는 것'을 지칭하는 용어로 사용하였다.

나는 이 단어가 나와 전혀 상관이 없다고 생각하며 살았다. 내 모습을 사랑하기는커녕 늘 나에 대한 확신이 없었고 못마땅했기 때문이다. 하지만 자존감이 높지 않은 사람들은 모두 이 단어와 연관이 있다.

나는 못난 내가 싫었고 가난이 싫었다. 그래서 열심히 앞만 보고 달렸고 자수성가라는 인정을 받게 되었다. 하지만 내 안의 불안과 두려움은 사라지지 않았다. 나는 더 많은 돈을 벌면, 나를 지켜줄 멋진 남자를 만나면 이 불안과 두려움이 사라질 거라 믿었다. 하지만 조금 나아질 뿐 마음의 감옥에서 나는 벗어날 수 없었다.

도대체 나에게 무슨 문제가 있는 건지 알아야겠다고 생각한 나는 심리학 관련 책들을 읽기 시작했다. 그리고 슈테파니 슈탈의 『심리학, 자존감을 부탁해』를 읽으면서 내가 나르시시스트라는 것을 알게 되었다.

저자가 말하길 자존감이 낮은 사람은 어릴 때부터 자기 회의를 억제하기 위해 무의식 속에서 나름대로 전략을 마련한다고 한다. 이들은 자신도 모르게 마음속에 '큰 자아'를 만들어내고 '작은 자아'를 억누르는 임무를 맡긴다.

작은 자아란 낮은 자존감이고 큰 자아는 허술한 자존감을 인정하지 않으려고 무슨 일이든 완벽을 추구한다. 그래서 작은 자아에게 자신이 얼마나 가치 있는 존재인지 입증해 보이려고 애쓴다. 그들은 작은 자아와 만나지 않기 위해 특별하고 대단한 존재가 되고자 애쓴다. 그들은 자신의 능력과 겉으로 드러나는 것들(외모, 재산, 자격)을 최고 수준으로 끌어올리기 위해 한시도 쉬지 않고 이 모든 것을 갈고 닦으며 관리한다.

그리고 자신의 약점을 배척하듯이 남들에게 있는 약점 역시 혹독하게 배척한다. 자기한테든 남한테든(연인이나 배우자에게는 말할 것도 없고 자녀에게도) 그 어떤 약점도 용납하지 않는다.

책에 설명된 모든 얘기가 내 얘기 같았다. 나는 지나치게 부지런하고 흐트러진 것을 못 보는 성격이었다. 게으른 것을 가장 혐오하고 노력하지 않는 태도를 비난했다. 업무 능력이 뛰어나도 자기 관리를 하지 못하면 훌륭한 사람으로 평가하지 않았다.

그래서 나의 하루는 너무나 바빴다. 새벽 기상, 독서, 영어 공부, 몸매 관리, 피부 관리, 학원 업무, 청결한 집. 이 모든 것을 지켜내려니 나는 늘 녹초가 되었다. 지친 내게 필요한 것은 휴식뿐이었다. 하지만 잠을 많이 자거나 빈둥거리며 쉬는 것에 대해 나는 죄책감을 느꼈다. 그래서 더욱 나를 몰아붙였다. 더 많은 돈과 더 큰 성공을 이루면 좋아질 거라 믿으며 말이다.

나처럼 자기 불안을 가진 사람은 자신뿐 아니라 타인에 대해서도 신뢰하지 못한다. 그래서 직장은 물론 사생활에서도 늘 긴장 상태고, 쉴 때도 긴장을 늦추지 못한다.

많은 책을 통해 내 삶의 풀리지 않던 문제의 원인이 내 잘못이 아니라는 것을 알게 된 날 나는 엉엉 울었다. 그리고 내 안의 내면 아이를 돌봐

주기 시작했다. 수십 년간 갇혀 있던 마음의 감옥에서 하루아침에 탈출하는 것은 불가능하다. 하지만 내 마음과 내 생각이 정말 나의 것인지 확인하는 훈련은 큰 도움이 되었다.

우리 안에는 살면서 습득된 잘못된 믿음과 고정관념이 숨어 있다. 그것들은 마치 우리의 믿음과 생각인 것처럼 숨어 있다가 불쑥 우리를 공격한다. 그래서 우리는 그 생각과 믿음이 정말 나의 것인지 의심해봐야 한다.

프레임(frame)이란 단어를 아는가? 사람, 사물, 동물의 기본 골격이나 일정한 형태를 의미하는 말로 영화의 한 장면을 뜻하기도 한다.

하지만 심리학에서 프레임은 세상을 바라보는 마음의 창을 의미한다. 어떤 문제를 바라보는 관점, 세상을 관조하는 사고방식, 세상에 대한 비유, 사람들에 대한 고정관념 등이 모두 여기에 속한다.

서울대학교 심리학과 최인철 교수가 쓴 『프레임』은 인간과 사회를 바라보는 다양한 시각과 새로운 통찰을 일깨우는 심리학 바이블이 된 책이다. 나 또한 이 책을 통하여 그동안 내가 얼마나 많은 착각과 오류, 편견과 오해에 사로잡혀 있었는지 확인할 수 있었다.

그는 말한다.

"우리는 세상을 있는 그대로 객관적으로 보고 있다고 생각하지만, 사실은 프레임을 통해서 채색되고 왜곡된 세상을 경험하고 있는 것이다.

건물의 어느 곳에 창을 내더라도 세상 전체를 볼 순 없다. 그것을 알기에 건축가는 최상의 전망을 얻을 수 있는 곳에 창을 내려고 고심한다. 우리도 삶의 가장 아름답고 행복한 풍경을 향유하기 위해 최상의 창을 갖도록 노력해야 한다.

어떤 프레임을 통해 세상에 접근하느냐에 따라 삶으로부터 얻어내는 결과물들이 달라지기 때문이다. 최상의 프레임으로 자신의 삶을 재무장하겠다는 용기, 나는 이것이 지혜의 목적지라고 생각한다."

이미 형성된 자존감, 성격은 일방적으로 주어진 것이다. 삶의 여러 상황들 또한 일방적으로 주어진 것이다. 하지만 그 상황에 대한 프레임은 우리가 선택할 수 있다. 그리고 그 선택에 따라 삶이 내게 주는 결과는 매우 다르다.

우리는 부모로서 어떠한 프레임으로 아이를 바라볼까? 내가 학부모들과 상담 때 자주 듣는 말은 정해져 있다. "걱정이에요.", "큰일이에요.", "속 터져요."

놀라운 것은 내가 아이에 대한 칭찬을 한 다음에도 그들의 반응은 같다는 것이다. 아이가 예전보다 영어에 흥미를 느끼고 실력도 발전하고 있는 것은 좋은 일이 아닌가? 하지만 그들의 반응은 늘 이렇다. "집에서는 아무것도 안 해요.", "숙제도 대충하는 것 같던데 숙제를 해가나요?",

"매일 휴대폰만 붙잡고 있어요.", "원장님께서 너무 좋게만 봐주시는 거 아니에요?"

이러한 말끝에 나는 무슨 말을 해야 할지 모르겠다. 굿뉴스를 들어도 배드뉴스로 마무리하니 말이다.

왜 우리는 엄격한 기준으로 아이를 바라볼까? '믿음'의 프레임이 아닌 '걱정'의 프레임으로 그들을 보기 때문이다. 믿음도 걱정도 그 바탕은 사랑의 마음이다. 하지만 믿음이 아닌 걱정의 프레임을 선택하는 순간 결과는 매우 다르다.

'걱정'하는 마음이 크니 매사에 간섭하게 되고 부모는 아이와 부딪히는 일들이 많아진다. 그럴수록 아이는 부모에게 인정받지 못한다는 생각에 자존감이 낮아진다. 자존감이 낮아진 아이는 성장형 사고방식이 아닌 고정형 사고방식으로 생각하기 시작한다.

고영성, 신영준 작가의 『완벽한 공부법』에는 고정형 사고방식과 성장형 사고방식이 잘 정리되어 있다.

성장형 사고방식의 사람은 지능과 성격이 변할 수 있다고 본다. 그래서 도전이 자신을 성장시킬 수 있다고 믿는다. 그들은 실패 또한 성장을 위한 과정으로 보기 때문에 실패를 통해 더 많은 것을 배우고 성장한다. 그들은 노력하면 성장은 무조건 따라온다고 믿기 때문에 노력의 가치를 중요하게 생각한다. 타인의 비판에도 상처받기보다는 자신을 개선하는 방법이라고 본다. 그들은 타인의 성공에서 배울 점을 찾는다. 그리고 성공한 사람의 노력에 가치를 부여한다.

반면 고정형 사고방식의 사람은 지능과 성격이 변할 수 없다고 본다. 그래서 자신이 잘할 수 있는 것만 하려고 한다. 어려운 과제는 실패를 경험하기 때문에 피하려 하고 한 번 실패한 과제는 아예 안 한다. 그것은 자신의 능력으로 불가능하다고 생각하기 때문이다. 그들은 이미 타고난 지능을 노력으로 바꿀 수 없다고 믿기에 노력은 시간 낭비라고 생각한다. 타인의 비판은 자신을 무시하는 거라고 생각해 상처를 입는다. 그들은 타인의 성공을 보며 열등의식을 느낀다. 그리고 성공한 사람은 타고난 재능 덕분이라고 생각한다.

당신은 자녀가 어떠한 사고방식으로 살아가기를 원하는가? 분명 고정형 사고방식은 아닐 것이다.

아이는 혼자서 사고방식을 형성할 수 없다. 부모의 도움이 필요하다. 하지만 그것은 '걱정' 가득한 간섭이 아닌 '믿음'을 바탕으로 한 칭찬과 격려이다. 부모가 먼저 모범을 보이고, 부모의 실수 경험을 공유하면서 결과보다 과정을 중시하도록 동기 부여한다면 아이는 달라질 수밖에 없다.

부모의 프레임에서 아이가 벗어날 때 아이의 삶은 바뀔 수 있다. 그리고 부모의 삶도 바뀔 수 있다.

5장

큰 뜻을 품은 아이로 키워라

01

내 아이의 잠든 꿈을 깨워라

누군가 "꿈이 뭔가요?"라고 묻는다면 당신은 즉시 대답할 수 있는가? 지금껏 나는 명확한 꿈을 가진 어른을 본 적이 없다. 그 어른에는 나도 포함된다.

누군가는 자신의 꿈을 얘기한다. 그러나 그 꿈에 대한 확신은 없어 보인다. 대부분 사람은 '꿈'이라는 단어에 부담을 느낀다. 꿈이 없는 자신이 한심해 보이기도 하고 꿈이 있어도 이루지 못할까 봐 자신 있게 말하지 못한다.

이러한 부담은 아이들에게도 마찬가지다. 하루는 아이들을 대상으로 '꿈 간담회'를 진행했다. 4차 산업혁명 시대에 사라질 직업과 새로 생길 직업에 대한 얘기도 함께 나누며 아이들이 어떤 일을 하고 싶은지 소통하는 자리였다.

나는 '동사'로 가득한 종이 한 장을 나눠 주고 자신이 좋아하는 '동사'에 동그라미를 그려보라고 말했다. 아이들은 '그리다', '쓰다', '읽다', '달리다', '말하다', '여행하다'와 같은 다양한 동사에 동그라미를 쳤다. 나는 아이들에게 또 다른 종이 한 장을 나눠 줬다. 그 종이에는 각각의 동사와 연관이 있는 직업들이 적혀 있었다. 아이들은 자신이 선택한 동사의 직업들을 살펴보며 흥미로워했다.

그때 한 아이가 손을 들었다. "선생님, 저는 아나운서가 저와 맞는 직업으로 나오는데요, 아무래도 이번 생에는 어려울 것 같아요."라고 그녀는 말했다. "이번 생에는 왜 안 될 것 같아?"라고 나는 물었다. 그녀는 대답했다. "현실적으로 말이 안 되잖아요. 제 성적으로 무슨…."

나는 순간 할 말을 잃었다. 현실 세계에서는 그녀의 말이 틀리지 않기 때문이다. 지금부터라도 노력하면 가능성이 있다고 말했으나 그녀는 내 말을 믿지 않는 듯했다.

아이들이 조금이라도 자신의 꿈에 대해 생각해보길 바라는 마음으로 준비한 간담회가 오히려 아이들의 꿈을 접도록 만들었다는 생각에 그날 밤 나는 잠을 이루지 못했다.

내가 꿈에 대해 진지하게 생각하게 된 것은 tvN 〈김미경쇼〉를 통해서다. 그녀는 많은 사람이 '꿈'에 대해 잘못된 개념을 갖고 있다고 말하며 꿈에 대해 여러 관점으로 설명해줬다. 그녀의 이야기에 귀가 커진 나는 그녀가 저술한 『드림 온』을 당장 구매했다.

성적이라는 입시용 재능과 몇몇 예체능 분야가 아니고서는 재능으로 인정받을 수 없는 대한민국에서 아이들이 자신에 대해 파악할 기회를 갖기란 쉽지 않다고 그녀는 말했다. 성적에 맞춰 대학에 들어가니 대학생의 70%가 전공을 바꾸고 싶어하고, 각 대학의 진로 상담실은 고민하는 학생들로 넘쳐나는 것이다.

이러한 문제를 미연에 방지하고자 교육부는 2018년부터 중학교 1학년 학생을 대상으로 '자유 학년제'를 시행하고 있다. 이 기간에 아이들은 토론 · 실습 위주의 참여형 수업과 직장 체험 활동 같은 진로 탐색 교육을 받는다.

하지만 안타깝게도 이 기간에 아이가 자신의 꿈을 찾는 것은 어려워 보인다. 진로는 말 그대로 아이가 어떤 직업이 맞는지 탐색하는 것이다. 그 직업이 아이의 꿈과 직접적으로 연결되지 않을 수 있다.

우리가 꿈에 대해 잘못된 생각을 가지게 된 이유는 어른들의 잘못된 질문 때문이 아닐까 싶다. "너는 커서 뭐가 되고 싶니?"라고 질문을 받으면 아이는 하나의 직업으로 대답해야 한다고 생각한다.

어릴 적에는 '의사', '변호사', '선생님', '경찰관', '대통령' 같은 멋진 직업을 막힘 없이 불러댄다. 하지만 중학교 입학 후 꿈을 물으면 아주 긴 침묵이 흐른다. 그리고 마지 못해 아이는 이렇게 대답할 것이다. "아직 잘 모르겠어요."라고.

아이에게 꿈을 물으면 특정 직업을 떠올리고 이는 성적, 전공과 자연스럽게 이어진다. 초등학생 때까지는 이런 사실을 잘 모르기에 마음껏 꿈을 말할 수 있지만, 현실을 조금씩 알아가는 중학생부터는 현실적으로 자신을 바라본다. 이렇게 직업의 선택 폭이 줄어들면서 아이는 자신감을 잃어가고 '꿈'이라는 단어를 머리에서 지운다.

꿈에 대한 피해를 입은 것은 부모들도 마찬가지다. 부모들 또한 그들의 부모로부터 꿈과 직업을 연결하는 방식으로 배웠기 때문이다. 결국 우리 모두 이 사회가 만들어놓은 '꿈=직업'이라는 함정의 피해자가 되었다.

우리는 꿈이라는 단어를 사용하지만 사실 꿈이 무엇을 의미하는지 잘 모른다. 김미경 작가는 『드림온』에서 꿈에 대해 이렇게 말했다.

방향성의 관점에서 꿈은 강한 동기로 실현되는 '나다움'이다. 꿈을 이뤄간다는 것은 나를 가장 나답게 키워가는 일이라는 것이다.

'나'와 '나다움'은 완전히 다르다. '나다움'은 검증된 나, 축적된 나다. '나'가 하얀 캔버스라면 '나다움'은 그 위에 내가 그리는 그림이다. 이것은 잠재돼 있던 나의 실체가 드러나는 것이다. 즉, 나의 꿈은 하나의 직업으로 정의되는 것이 아니라 여러 가지 실험과 도전을 하면서 나의 실체를 찾아가는 과정이다.

여기서 많은 부모는 큰 벽에 부딪힌다. 자신조차 무엇을 잘하고 좋아하는지 찾아가는 여정을 경험하지 않았기 때문에 아이들에게 그 길을 보여주는 것은 막연하고 엄두가 나지 않는다. 그래서 나는 '꿈'은 부모가 먼저 찾아야 한다고 생각한다.

『파이브』의 저자 댄 지드라는 말했다. 당신 머릿속엔 스스로 판단할 수 있는 두뇌가 있고, 발에는 튼튼한 신발이 신겨져 있다. 당신은 원하는 방향으로 어디든 자신을 이끌어갈 수 있다.

당신은 오직 당신만의 것이기에, 어디로 가야 할지 삶의 방향을 결정하는 사람은 다름 아닌 당신이다.

당신의 가치를 선택하라. 이것은 당신에게 중요한 것이 무엇인지를 인식하고 행하는 개인적인 선택이다. 자신이 생각하는 가장 높은 가치를 좌표로 삼아 나아간다면, 당신은 삶의 매 순간이 가지는 의미를 발견할 수 있을 것이다.

인간이 지구별에 보내진 것은 저마다의 쓰임이 있기 때문이라고 생각한다. 그 쓰임이 무엇인지 찾아가는 과정이 나다움을 찾아가는 여정, 즉 꿈이다. 그래서 꿈은 너무 어린 나이에 찾기가 어렵지 않을까 생각해본다. 나를 알아가는 데는 시간이 필요하기 때문이다.

우리 자신에게 물어보자. '내 삶의 목적은 무엇일까?', '세상은 내게 어떤 역할을 준걸까?', '내가 가장 열정을 느끼는 것은 무엇일까?', '나는 어떠한 모습으로 지구를 떠나고 싶은가?'

이 질문에 대한 답을 찾아가는 과정에서 우리는 '나다움'을 발견할 수 있을 것이다.

그리고 이러한 질문을 아이에게도 동일하게 적용하면 된다. 우리는 아이에게 꿈을 강요하거나 관여할 수 없다. 아이가 자신의 꿈을 찾아가는 과정에서 응원과 격려를 할 뿐이다.

아이가 단순히 직업과 꿈을 연결하면 아이는 큰 꿈을 꿀 수 없다. 현실적인 직업 카테고리에서 답을 찾기 때문이다.

하지만 우리는 직업과 상관없이 나만의 꿈을 가질 수 있다. 그리고 부모가 꿈을 찾아가는 과정을 먼저 보여줄 수는 있다. 당신이 더 큰 가치를 선택하고, 더 높은 가치를 좌표로 삼아 나아가는 삶을 아이에게 보여주자. 그러면 아이는 당신의 뒷모습을 보며 따라올 것이다. 그렇게 아이는 자신의 잠든 꿈을 깨울 것이다.

02

방향이 분명해야 더 멀리 갈 수 있다

The way we communicate with others and with ourselves ultimately determines the quality of our lives.(우리가 타인 그리고 우리 자신과 소통하는 방식은 궁극적으로 우리 삶의 질을 결정한다.)

– Anthony Robbins(앤서니 라빈스)

우리는 매일 많은 시간 누군가와 의사소통하며 지낸다. 그 대상이 가족, 친구가 될 수 있고 직장 동료나 고객이 될 수도 있다. 이렇게 매일 소통하며 사는 우리는 과연 의사소통 능력이 뛰어난가?

어느 날 나는 '의사소통 능력'의 정확한 의미가 궁금해 네이버 지식백과에서 검색해본 적이 있다.

의사소통 능력이란 상대방과 대화를 나누거나 문서를 통해 의견을 교환할 때, 상대방이 뜻한 바를 정확하게 파악하고 자신의 의사를 효과적으로 전달할 수 있는 능력을 의미한다.

또한 글로벌 시대에 필요한 외국어 문서 이해 능력 및 의사 표현 능력도 포함한다. 의사소통 능력은 문서 이해 능력, 문서 작성 능력, 경청 능력, 의사 표현 능력 및 기초 외국어 능력으로 구분할 수 있다.

의사소통 능력의 정의를 알고 난 지금 다시 한번 생각해보자. '우리는 과연 의사소통 능력이 뛰어난가?' 선뜻 '그렇다.'라고 대답할 수 있는 사람은 많지 않을 것이다. 의사소통 능력을 그저 '말하기와 듣기'의 의미로 알고 있기 때문이다. 나는 여기에서 당신의 문서 작성 능력과 문서 이해 능력, 기초 외국어 능력을 운운하고 싶은 게 아니다. 하지만 우리의 '경청 능력'과 '의사 표현 능력'은 고민해볼 필요가 있다. 이것은 우리의 삶의 질을 결정하기 때문이다.

당신은 누군가와 대화할 때 질문을 많이 하는가 아니면 쏟아내듯 자신의 말만 하는가? 내 주변의 많은 사람은 질문을 하지 않는다. 그들은 자신에게 일어난 일을 쏟아내기 급급하다. 다행히 나는 굿 리스너로 경청을 잘한다.

하지만 나는 남편을 만난 이후 깨닫게 되었다. 그동안의 나는 경청을 한 것이 아니라 그냥 듣는 행위를 인내심 있게 잘하는 사람이었다는 것을 말이다.

내 남편은 질문을 기가 막히게 잘하는 사람이다. 그는 누구를 만나든 그 사람을 궁금해한다. 그래서 상대방에게 많은 질문을 한다. 하지만 그 질문은 시시콜콜한 호구 조사의 질문들이 아니다. 그는 그 사람의 잠재적 가치를 드러낼 수 있는 질문들을 한다.

평소에 신나게 자기 얘기를 쏟아내던 가족과 지인들도 남편의 질문을 처음엔 어려워한다. 하지만 그 질문에 답을 하는 과정에서 자신의 가능성을 스스로 깨닫는다. 그리고 그 가능성을 실현하고자 하는 동기를 부여받는다.

그는 항상 말한다. "질적인 질문이 질적인 대화를 만들어. 그리고 질적인 대화를 이끄는 사람이 경청을 잘하는 사람이야. 질적인 질문을 하는 사람은 누구와의 대화도 컨트롤 할 수 있어. 지인뿐 아니라 고객과의 대화를 컨트롤 한다는 것은 아주 유리한 거겠지?

그런데 많은 사람이 이걸 어려워해. 왜냐하면 그들은 '질문 유형'을 외울 뿐 가장 중요한 이걸 놓치거든. 바로 동정심이야. 사람을 돕고 싶다는 동정심이 없으면 우리는 늘 자기 자신을 먼저 내세우게 돼. 그러면 상대방에 대한 궁금증이 안 생기겠지?

그래서 그들은 질적인 질문을 못 하는 거야. 겉도는 질문만 하니 대답도 겉돌고 서로의 시간이 낭비되는 거지."

예전의 나는 열심히 들을 뿐 상대를 도우려는 동정심의 마음이 크지 않았다. 질적인 질문도 할 줄 몰랐다. 그래서 지인들과 좋은 시간을 보냈음에도 허탈한 마음이 들 때가 있었다. 나의 시간도 그들의 시간도 가치 있게 보내지 못했다고 생각했기 때문이다.

이처럼 대부분 사람은 질적인 질문을 받지도 하지도 않은 채 살아간다. '질'은 내려놓고 그냥 질문이라도 좀 하면 좋으련만 우리의 현실은 그렇지 않다.

우리는 왜 이렇게 되었을까? 어릴 적 호기심 많던 아이의 질문이 묵살되고 자신의 주관을 표현할 수 있는 기회가 사라졌기 때문이 아닐까? 게다가 우리가 학교에서 봤던 시험들은 객관식의 비중이 월등히 높았다. 우리는 출제자의 의도만 잘 파악해 답을 골라내면 됐다. 내 생각과 의견은 누구도 중요하게 여기지 않았다.

『관점을 디자인하라』의 저자 박용후 씨는 '객관식'에 길들여진 생각에서 벗어나야 한다고 말한다. 곰곰이 생각해보면 '객관식'의 '객'은 손님을 뜻하는 말이다. 자신의 인생을 객관식으로 살아간다면 주어진 답안지 중에서 가장 무난한 길로 간다는 것이다. 그리고 그것은 자신의 삶이 아닌 손님의 삶을 사는 것이나 다름없다. 우리 인생의 주인공은 우리다. 우리는 손님의 관점이 아닌 나의 관점으로 세상을 바라보고 선택해야 한다.

주인의 삶을 살기 위해 우리가 해야 하는 첫 번째는 질적인 질문이다. 그리고 그 질문은 내게 먼저 해야 한다. 많은 사람이 '행복'과 '성공'을 원한다고 말하지만 '행복과 성공'에 대한 자신만의 정의조차 없다. 또는 만나는 사람과 읽는 책에 따라 생각이 수시로 바뀐다.

물론 새로운 정보와 지식이 들어오면 내가 내렸던 삶의 정의도 변할 수 있다. 하지만 나의 주관이 흔들려서는 안 된다. 내가 무엇을 중요하게 생각하는지도 모르고 살면 사는 대로 생각하게 된다. 그래서 우리는 나와의 질적인 대화를 통해 삶의 우선순위를 알아야 한다.

배가 항구에서 떠났다. 우리는 그 배가 항해를 한다고 생각한다. 과연 그럴까? 그 배의 목적지가 정해진 채 출발했다면 그것은 항해가 맞다. 하지만 목적지를 모른 채 출발했다면 그것은 표류이다.

우리는 자신에게 어떠한 질문을 해야 할까? 우리가 뜻하는 것을 찾기 위한 질문을 해야 한다. 잘못된 질문은 잘못된 답을 얻는다. 올바른 질문은 올바른 답을 얻는다. 그래서 우리는 자신에게 하는 질문에 신중해야 한다. 그리고 남에게 하는 질문 또한 신중해야 한다.

『원씽』의 저자 게리 켈러와 제이 파파산은 '초점 탐색 질문'을 통해 나만의 원씽을 찾을 수 있다고 말한다. '선택과 집중'의 중요성은 누구나 안다. 하지만 실천은 참으로 어렵다. 그래서 우리는 질문을 통해 잘 선택하고 집중해야 한다.

"당신이 할 수 있는 단 하나의 일, 그것을 함으로써 다른 모든 일들을 쉽게 혹은 필요 없게 만들 바로 그 일은 무엇인가?"

이 질문은 큰 초점과 작은 초점 모두를 겨냥한 질문이다.

'단 하나의 하나는 무엇인가?'는 큰 초점 질문으로 내가 도달하고 싶은 끝점을 의미한다. 이것은 인생에 있어 전략적 나침반과 같다. 우리는 이 질문에 답하는 과정에서 우리가 무엇을 배우고 싶은지, 무엇을 다른 사람과 나누고 싶은지, 어떤 사람으로 기억되고 싶은지를 알 수 있다.

'지금 당장 해야 할 단 하나의 일은 무엇인가?'는 작은 초점 질문으로 매일의 삶에서 무엇에 집중할지 선택할 수 있는 질문이다. 이것은 삶에서 가장 중요한 사람들은 물론이고, 긴박한 욕구들에도 주의를 기울일 수 있게 해준다.

나 또한 초점 탐색 질문을 통해 내 삶에 가장 크고 어려운 선택을 할 수 있었다. 그리고 소중한 귀인들을 만날 수 있었다.

나는 가족들과 여행 후 천안으로 돌아오는 길에 네비게이터의 오작동으로 길을 헤맨 적이 있다. 업무 일정 때문에 가족들보다 30분 먼저 출발

했지만 결국 나는 가장 늦게 천안에 도착했다. 그리고 뒤늦게 일을 처리하느라 진땀을 뺐다.

나는 삶에서도 동일하다고 생각한다. 아무리 먼저 출발하고 빨리 달려도 삶의 방향이 틀리면 유턴해서 되돌아와야 한다. 그래서 속도보다 중요한 것은 방향이다.

부모로서 아이에게 해줄 수 있는 가장 가치있는 일 또한 삶의 방향을 찾아주는 것이다. 방향성이 정해지면 '속도'는 힘을 발휘할 수 있기 때문이다.

내 아이가 더 멀리 더 높은 곳으로 가기를 원하는가? 그들에게 질적인 질문을 하자. 아이가 더 큰 관점을 가질 수 있도록 생각하는 힘을 키워주자. 아이가 가고자 하는 방향이 정해지면 부모의 역할은 간섭하지 말고 기다려주는 것이다. 그 길을 가는 것은 아이의 몫이다.

03

스토리가 있는 아이로 키워라

코로나가 극성을 부리기 전까지 매년 8월과 1월은 내게 가장 바쁜 달이었다. 여름방학, 겨울방학이 시작되면서 특강도 시작되기 때문이다. 나는 학원을 운영하는 10년간 모든 특강을 직접 진행했다. 학기 중에 아이들을 관찰한 후 필요하다고 생각되는 영역을 특강으로 진행하기에 교재도 수업도 늘 바뀐다.

특강이 시작되면 아이들은 아침 10시에 학원으로 모여든다. 눈꼽만 겨우 떼고 머리는 산발인 상태로 헐레벌떡 뛰어오는 아이도 있다. 잠도 덜 깬 아이들을 대상으로 그들이 가장 싫어하는 문법 수업을 진행하기란 참으로 어렵다. 그래서 나는 아이들의 눈이 초점을 잃지 않도록 주의를 기울인다.

내가 아무리 열정 가득 수업을 진행해도 아이들의 집중력을 유지시키기란 쉽지 않다. 바로 그때 나는 나의 이야기 보따리를 풀어놓는다.

다행인지 불행인지 내 삶에는 참으로 많은 스토리가 있다. 그래서 남들 눈에 나는 평범하지 않은 아이였다.

나는 이혼 가정에서 자랐고 엄밀히 말하면 흙수저다. 부모님과 애착관계를 형성하지 못했던 나는 애정 결핍과 낮은 자존감으로 나를 사랑하지 못했다. 나는 내가 태어나지 말았어야 하는 사람이라고 늘 생각했다. 사라지지 않는 마음의 불안과 두려움은 항상 나를 괴롭혔다.

신기한 것은 내가 가치 없다고 느껴지면서도 잘 살고 싶다는 희망의 마음이 내게는 있었다. 그래서 초등학교 내내 공부란 걸 해본 적 없던 내가 공부에 도전했다. 나는 아이큐 103의 머리로 중학교 때 처음으로 공부를 시작했다. 잠자고, 밥 먹고, 수업받는 시간 외에는 모든 시간을 공부에 투자했다. 나는 '노력파, 독종'이라는 별명을 얻으며 중학교 3년을 보냈고, 그 당시 입학의 문턱이 높았던 고등학교에 입학했다.

어렵게 들어간 학교에서 내가 열심히 공부했다고 말하고 싶지만 그렇지 않았다. 고등학교 입학 후 사춘기를 맞이한 나는 하루아침에 공부를 놔버렸다. 모범생만 모아놓은 학교에 어울리지 않는 아이가 돼버렸다. 교무실에 불려가는 것은 내게 일상이 되었고 나에 대한 소문은 무성했다. 그리고 급기야 내 성적으로는 갈 수 있는 대학이 없다는 말을 선생님께 들었다. 고등학교 2학년 겨울방학 직전의 내 상태였다.

나는 선택해야 했다. 이렇게 계속 살 것인지 다시 한 번 독종이 될 것인지. 대학을 안 가고 무슨 일을 할 수 있을지 나는 고민해봤다. 아무리 생각해도 답이 없어 보였다. 결국 나는 다시 한 번 독종이 되기로 선택했다.

그날 이후 나는 수면 시간을 5시간으로 줄였다. 시험 기간엔 3시간으로 줄였다. 나는 이전에 해본 경험이 있으니 잘 해낼 줄 알았다. 하지만 놓쳐버린 고등학교 2년을 따라잡기란 너무나 힘들었다. 아무리 해도 성적이 오르지 않고 제자리를 걷는 기분이었다. '그냥 포기해버릴까?'라는 유혹이 하루에도 몇 번씩 찾아왔다. 그런 때에는 수돗가로 달려가 찬물로 세수를 했다.

끝나지 않을 것처럼 보이던 1년이 지나고 수능 날이 다가왔다. 하늘이 버리지 않은 것인지 나는 예상보다 수능을 잘 봤다. 그래서 과톱으로 장학금을 받고 국립 대학에 입학했다.

대학에 입학하면 이제 자유라고 생각한 나를 기다리고 있던 것은 쓰디쓴 현실이었다. IMF로 경기가 어려워진 상황에서 연년생의 딸들을 대학에 보내는 것은 부모님께 매우 힘든 일이었다. 나는 대학 입학과 동시에 아르바이트를 시작했다. 그렇게 대학교 4년간 아르바이트로 나의 학비와 생활비를 충당했다. 다행히 나는 출석과 학점도 잘 관리했다. 전공을 살리지는 않았지만 나는 운명처럼 영어를 만났다. 학원비에 쓸 돈이 충분하지 않던 나는 하루에 4~6시간 영어를 공부했다. 그래서 독학으로 영어 스피킹을 정복했다. 그리고 스피킹 강사로서 일을 시작할 수 있었다.

20대 대부분을 고시원, 원룸, 반지하에서 살았던 나는 돈을 벌고 모으는 데만 집중했다. 하지만 어리석게 20대 후반에 가장 중요한 건강을 잃었다. 그래서 힘들게 번 돈의 대부분을 병원에 바쳐야 했다. 그리고 결국 일을 못 할 지경에 놓였다.

나는 30살의 나이에 처음으로 백수가 되었다. 10년 만에 처음으로 백수가 되니 처음엔 좋았다. 하지만 벌어놓은 돈을 까먹고 있다는 생각에 너무나 괴로웠다. 나는 1년간 건강을 돌보며 또다시 영어에 집중했다. 그리고 테솔이라는 자격증도 취득했다. 영어 전공자도 아니고 유학 경험도 없는 내가 내세울 수 있는 것은 실력뿐이라고 생각했다. 그렇게 1년의 준비 기간을 거쳐 나는 더 높이 비상할 수 있었다.

지금껏 내 인생의 일부를 공유했는데 어떤가? 내 인생이 좋은 조건에서 시작한 꽃길은 아니었다. 누구도 따라 할 수 없는 그런 인생도 아니었다. 하지만 '이혼 가정, 흙수저, 아이큐 103, 노력파, 영어 독학, 가난 탈출'은 내 삶의 무기가 되었다. 내 삶의 오르막과 내리막 덕분에 나는 아이들을 위한 이야기 보따리를 가득 채울 수 있었다.

재밌는 것은 아이들이 나의 내리막 이야기에 더 흥미를 느낀다는 것이다. 그래서 나는 일부러 한참 얘기를 하다가 중간에 멈춘다. 그리고 다시 수업을 시작한다. 아이들의 궁금증은 폭발해서 난리가 난다. 나는 너희들이 집중해서 오늘 분량을 빨리 끝내면 뒷부분 이야기를 들려주겠다고 말한다. 그러면 그들의 눈에 총기는 다시 살아난다. 누구 하나라도 뒤처지지 않게 주변 친구들을 챙기는 모습까지 보인다.

그래서 나는 내 삶의 이야기에 참으로 감사하다. 그리고 내리막의 이야기가 많아서 다행이란 생각도 해본다.

우리가 보는 드라마와 영화 속 주인공들에게 아무런 시련과 실패가 없다면 무슨 재미가 있겠는가? 그들이 어려움을 극복하는 모습을 보며 우리는 대리 만족을 느끼거나 저 주인공처럼 되고 싶다고 생각하지 않는가?

내가 요즘 아이들을 보면서 안타까운 것은 아이들이 자신의 스토리를 쓸 기회가 많지 않다는 것이다. 몇몇 소수를 제외한 아이들은 '삶의 결핍'을 느끼지 못한다. 결핍이야말로 꿈의 방향을 잡는 중요한 요소인데, 결핍이 없으니 아이들은 그걸 채우기 위한 꿈과 목표를 세우지 않는다. 결핍이라는 내리막 스토리가 있어야 새로운 것, 어려운 것에 도전하는 오르막 스토리가 써지는데 그러한 기회를 만들지 못한다. 아이들은 그들에게 주어진 안락함과 편안함을 당연한 것으로 여기며 오르막과 내리막이 없는 지루한 스토리를 만든다. 그렇게 그들은 지루한 어른이 된다.

우리는 각자 삶의 스토리가 있다. 그리고 그 스토리를 내가 어떻게 사용하는가에 따라 누군가에게 희망을 줄 수도 있고 절망을 줄 수도 있다. 중요한 것은 '스토리'는 사람을 움직이는 힘이 있다는 것이다. 그래서 스토리는 삶의 무기가 될 수 있다.

무기를 잘 준비해서 전쟁에 나가면 승리할 확률은 올라간다. 반면 무기가 없다면 불리한 조건에서 싸울 수밖에 없다. 이러한 관점으로 볼 때 아이들에게 필요한 것은 삶의 스토리다. 그리고 그 스토리에 반드시 내리막 이야기가 있어야 한다. 내리막이 있어야 그다음 오르막 스토리가 나올 수 있기 때문이다.

가끔 부모들은 아이가 내리막 스토리를 만드는 것을 두려워한다. 그래서 그런 내리막을 애초에 막으려 한다. 물론 아이가 명확히 잘못된 길로 가려 한다면 조언을 해줄 수 있다. 하지만 사사건건 내리막 스토리를 막는다면 아이는 오르막 스토리를 만들 수 없다. 아이에겐 내리막과 오르막 모두 필요하다.

결핍은 사람을 움직이게 하는 힘이 있다. 그래서 삶에 결핍이 없는 것은 매우 위험하다. 그렇다면 우리는 아이에게 어떻게 결핍을 만들어 줘야 할까? 나는 아이에게 경제적으로 과하게 지원하는 것은 피하라고 권하고 싶다. 내 경험상 나를 움직이게 한 결핍은 환경적 요인이었다. 각 가정만의 원칙은 있겠지만 아이가 부모에게 경제적으로 의존하는 것을 당연하게 생각하는 것은 아주 위험하다. 그것은 아이의 결핍 스위치를 망가뜨리는 것과 같다.

아이가 속한 세상은 자본주의다. 누구도 경쟁을 피할 수는 없다. 하지만 끌려가듯 경쟁하는 것이 아니라 나답게 경쟁할 수 있도록 우리가 아이를 도와야 한다. 결핍을 느낀 아이가 삶의 방향을 잡고 목표를 정하고 시도하고 틀릴 수 있는 기회를 줘야 한다. 시도하고 틀리는 과정에서 아이는 삶의 무기가 되는 스토리를 만들 것이다. 많이 틀리고 바로잡는 이야기가 많을수록 더 강력한 무기가 된다는 것을 꼭 기억하자.

04

점, 선, 면의
법칙을
가르쳐라

당신은 평소에 퍼즐을 즐겨 하는가? 내 생에 첫 퍼즐은 백수가 된 30살에 했던 빈센트 반 고흐의 '별이 빛나는 밤에'였다. 늘 바쁘게 살던 내게 주어진 너무 많은 자유 시간이 나는 부담스러웠다. 그래서 맞추기 가장 어려워 보이는 1000개 조각의 퍼즐을 주문했다.

시간을 때울 마음으로 주문한 퍼즐이지만 나는 바로 후회가 되었다. 퍼즐이라곤 맞춰본 적이 없던 내게 그것은 어려워도 너무 어려운 작품이었다. 이리 보고 저리 봐도 각각의 조각이 어찌 연결될지 전혀 감이 잡히지 않았다. 게다가 마지막엔 한 개의 조각이 사라져 온 방을 뒤집어엎어야 했다. 아주 긴 시간 씨름을 벌인 끝에 결국 나는 퍼즐을 완성했다. 하지만 이걸 또 하고 싶은 마음이 생기지는 않았다.

그러던 어느 날 문득 이런 생각이 들었다. 우리 인생도 퍼즐과 같다는 생각 말이다. 각각의 조각을 보면 어디에 쓰임이 있는지 모르겠지만, 분명 그 조각의 자리는 마련되어 있다. 그리고 하나의 조각만 사라져도 우리는 작품을 완성할 수 없다. 그래서 모든 조각은 필요하고 조각들이 자신의 자리를 찾아 맞춰질 때 작품이 완성된다.

내가 윤선생 관리 교사로 근무하던 시절 나는 학부모 관리가 늘 어려웠다. 20대 초반의 나는 그들 눈에 열정 많은 애송이로 보일 뿐이었다. 관리 교사는 아이를 지도하는 역할뿐 아니라 교재비를 수금하는 일도 함께해야 했다. 누군가에게 돈을 달라고 말하는 것이 내겐 너무 어려웠다. 당연히 받아야 할 돈임에도 불구하고 말이다. 하지만 나는 점점 나의 역할에 적응하게 되었고 학부모들과 깊은 친분을 유지했다. 덕분에 소개도 많이 받았다.

윤선생을 그만둔 후 나는 대형 어학원에 들어갔다. 어학원 강사들도 학부모 상담의 역할이 있었다. 동료 강사들은 상담에 대한 스트레스가 컸다. 대면 상담이 아닌 전화 상담이다 보니 말 한마디에 오해를 사기도 했다. 하지만 내게 전화 상담은 놀이 같은 일이었다. 돈을 달라고 말해야 하는 것도 아니고 아이의 학습 상황을 말씀드리는 일이니 얼마나 즐거운가?

내가 학부모와 편하게 상담하는 것을 지켜본 원장님께서는 나에게 '스페셜 고객 관리'라는 새로운 임무를 주셨다. 평소 강사들이 응대하기 어려워하는 학부모들을 내 담당으로 몰아준 것이다. 얼마나 특별하겠나 생각하며 통화를 하던 중 나는 알게 되었다. '정말 특별하구나!' 하지만 나는 그들의 심리를 이해하려 노력했다. 불안한 나의 심리 때문에 평소에 읽은 심리학 관련 책들이 많은 도움이 되었다. 이렇게 1년을 보낸 후 나는 말 그대로 상담의 마스터가 되었다. 그리고 그 경험은 나의 학원을 운영할 때 꽃을 피웠다.

우리 학원에는 굉장히 말이 많고 말이 빠른 아이가 있다. 동시통역 검사를 할 때 그 아이의 영어 말하기 속도가 너무 빨라서 내 눈이 따라가지 못할 정도다. 영어 스피킹에 아주 최적화된 아이라 할 수 있다. 하지만 수업 시간에 불필요한 말을 많이 해서 중간에 내가 멈춰줘야 할 때도 있다. 그럼에도 나는 그 아이를 매우 사랑한다.

하루는 아이의 부모님과 상담을 진행했다. 나는 아이의 스피킹 능력이 탁월하고 문법은 싫어라 한다고 솔직히 말씀드렸다. 하지만 영어란 것이 과목이기 이전에 언어이기 때문에 입시에 초점을 맞추지 않는다면 문제가 되지 않는다고 덧붙여 말씀드렸다. 소탈하고 뒤끝 없는 멋진 아이지만 부모님께서는 걱정이 많으셨다.

나는 내가 알고 있는 '아동 심리'의 내용과 '현장 경험'을 바탕으로 아이의 방향성에 대해 안내해드렸다. 아이가 '랩'에 관심이 있다고 하셔서 어떻게 더 큰 꿈으로 연결할지 여러 제안을 해드렸다. 부모님께서는 나와 소통 후 마음이 놓인다며 내가 '심리학'을 공부했거나 심리학 학위를 땄는지 물으셨다. 나의 대답은 "아버님, 야매입니다."였다.

어린 시절의 불안한 심리는 나를 '심리학'의 영역으로 이끌었고, 윤선생 관리 교사의 경험은 나를 '학부모 상담 마스터'의 영역으로 이끌었다. 그 당시엔 쓰임을 알 수 없던 퍼즐 조각이 내 삶의 적시 적소에 맞춰지기 시작한 것이다.

영어 또한 내게는 멋진 퍼즐 조각이었다. 내가 영어를 독학으로 정복하겠다고 마음먹은 그때엔 지금처럼 정보가 많지 않았다. 그래서 나는 무작정 영어책을 외우기 시작했다. 영어를 외우다 보니 조금 더 쉽고 빠르게 외우는 방법이 있지 않을까 하는 마음에 여러 방법을 시도했다.

나는 한글의 개입 없이 영어를 외우는 것은 효과가 덜하다고 생각해 한글을 보면서 영어로 말하는 동시통역 방법을 훈련하기 시작했다. 그리고 가장 효과적으로 외우는 나만의 방법을 찾게 되었다.

어느 정도 내 생각을 영어로 표현하는 것이 어렵지 않다고 생각한 시점에 나는 발음 교정을 시작했다. 그리고 가장 효과적인 교정 방법을 찾게 되었다.

문법과 독해 영역을 공부하면서도 시험용이 아니라 언어로 보고 접근했기에 스피킹과 연결할 수 있었다.

그 당시 나는 내가 영어를 가르치는 일을 하게 될 줄은 몰랐다. 나는 그저 영어를 잘하고 싶었을 뿐이다. 그래서 더 효과적인 방법을 찾으려 계속 노력했다. 그리고 여러 도전으로 영어에 대한 많은 노하우를 쌓을 수 있었다. 그 당시엔 어디에 맞춰질지 몰랐던 그 퍼즐은 내 삶의 적시 적소에 맞춰졌다.

우리가 삶에서 하는 많은 도전과 경험은 이러한 퍼즐 조각과 같다. 하나씩 들여다보면 그것들은 큰 의미가 없어 보일 수 있다. 그래서 그것들을 소홀히 대할 수도 있다. 하지만 각각의 조각이 제자리를 찾아 맞춰지면 멋진 작품이 탄생하듯이 우리의 인생도 그러하다. 언제 어디에서 그 조각이 빛을 발휘할지 모를 뿐 분명 그 조각은 역할이 있다.

2005년 스티브 잡스는 스탠포드 대학 졸업식 축사에서 이런 말을 했다.

"제가 대학에 있었을 때는 미래의 점들을 이을 수가 없었습니다. 그러나 10년이 지난 후, 과거를 돌아보았을 때 모든 것이 분명해 보였습니다.

우리는 미래의 점들을 이을 수는 없습니다. 과거의 점들만 이을 수 있는 거죠. 그러므로 이런 점들이 미래에 어떤 식으로든 이어진다고 믿어야 합니다. 현재의 순간들은 미래에 어떤 식으로든 연결된다는 것을 알았으면 좋겠습니다."

조성희 씨의 『뜨겁게 나를 응원한다』에서도 '점, 선, 면의 법칙'을 언급하며 우리가 매일 찍는 점의 중요성을 말한다.

우리는 매 순간 점을 찍으며 살아간다. 그 점은 새로운 도전과 경험일 수도 있고 습관적으로 하는 일상일 수도 있다. 각각의 점이 미래에 어떻게 연결될지 아는 사람은 아무도 없다. 그래서 그 당시엔 무의미하고 불필요해 보일 수도 있다. 하지만 이 점들은 결국 어딘가에서 선으로 연결되고 그 선들은 다시 면으로 연결된다. 그렇게 과거에 연결된 점, 선, 면이 바로 현재의 내 모습이다.

누군가는 현재의 모습이 아주 만족스러울 것이다. 반면 누군가는 그렇지 않을 것이다. 만약 현재 내 모습이 만족스럽지 않다면 우리가 할 수 있는 유일한 행동은 새로운 점을 다시 찍는 것이다. 그리고 그 점들이 선과 면으로 연결될 때까지 반복하는 것이다. 내가 점을 더 많이 찍는다는 것은 더 많이 시도하고 더 많이 경험한다는 것을 의미한다. 더 많은 도전과 경험은 더 빠르게 선과 면으로 연결된다.

만약 새로 만들어진 선과 면도 만족스럽지 않다면 처음으로 되돌아가면 된다. 우리는 언제든 점을 찍을 수 있다.

세계적인 발레리나 강수진은『나는 내일을 기다리지 않는다』에서 이렇게 말했다.

"나의 일상은 지극히 단조로운 날들의 반복이었다. 잠자고 일어나서 밥 먹고 연습, 자고 일어나서 밥 먹고 다시 연습, 어찌 보면 수행자와 같은 하루였다.

하지만 내가 알고 있는 한 어떤 분야든 정상에 오른 사람들의 삶은 공통적이게도 조금은 규칙적이고 지루한 하루의 반복이었다.

나는 경쟁하지 않았다. 단지 하루하루를 불태웠을 뿐이다. 그것도 조금 불을 붙이다 마는 것이 아니라, 재까지 한 톨 남지 않도록 태우고 또 태웠다.

그런 매일매일의 지루한, 그러면서도 지독하게 치열했던 하루의 반복이 지금의 나를 만들었다."

이 글을 읽고 가슴이 먹먹했던 기억이 난다. '나는 과연 재까지 한 톨 남지 않도록 태우고 또 태웠던가?' 나는 자신있게 '그렇다.'라고 말할 수 없었다.

모두가 그렇게 치열하게 살아야 하는 것은 아니다. 하지만 누구에게나 한 번뿐인 인생이다. 자신이 어떤 모양의 '완성품'인지 될지 알고 싶지 않은가? 우리 아이 또한 어떤 모양의 '완성품'이 될 수 있는지 궁금하지 않은가?

우리는 우리의 점을 선택할 자유가 있다. 그리고 그 점의 개수 또한 선택할 자유가 있다. “성공하려면 이거 해야 돼.”라고 말하는 것이 아니라 매일의 선택과 경험이 어떤 역할을 하는지 아이에게 알려준다면 어떨까? 종이에 점, 선, 면을 그려 보면서 설명할 수도 있고 함께 퍼즐을 맞추며 설명할 수도 있다.

완성품은 우리가 만드는 것이다. 누구도 대신 조각을 맞춰줄 수도 없고 점을 찍어줄 수도 없다. 당신도 아이도 퍼즐 한 조각과 매일 찍는 점의 중요성을 잊지 않기를 바란다. 그리고 퍼즐을 맞추는 기분으로 매일의 점을 찍길 바란다.

05

멀리 보아야 높이 날 수 있다

종일 바쁘게 살았는데 '내가 오늘 뭘 한 거지?'라는 생각이 들 때가 있는가? 대부분 사람이 이런 허탈감을 느껴본 적이 있을 것이다. 나 또한 이런 생각을 자주 했었다. '매일 쳇바퀴 도는 삶에서 언제 벗어날 수 있는 거지?'라는 생각도 자주 했었다.

코로나로 많은 아이가 학원을 그만두면서 나는 고민에 빠졌다. 그래서 남편과 현재 상황에 대한 대화를 한 적이 있다. 남편은 나의 이야기를 쭉 듣더니 유튜브 영상 하나를 보여줬다. 그 영상에는 '멋진 집, 여유로운 삶, 행복한 가족, 자신이 사랑하는 일'이 표현되어 있었다. 그 영상을 보면서 나 또한 내가 원하는 삶을 상상할 수 있었다. 그 삶을 이미 살고 있다고 나의 모습을 상상하니 기분이 좋아졌다.

남편은 말했다. "우리가 내 앞에 닥친 일들만 보고 내 현실만 보면 답이 안 보여. 답이 안 보이니 지금의 모습이 미래에도 계속될 거라 상상하게 되는 거지. 그러니 희망이 없어지고 현실에 안주하게 되고 신세 한탄만 하게 되는 거야.

우리는 끊임 없이 내가 가고자 하는 방향, 살고 싶은 삶, 되고 싶은 모습을 이렇게 영상으로 보거나 상상할 필요가 있어. 우리가 살아야 하는 것은 현실이 맞아. 하지만 현실에 갇혀 있으면 안 되겠지?"

그의 말을 듣고 있으니 갑자기 놀이동산이 떠올랐다. 당신은 놀이동산에 자주 가는가? 이제는 어지러워 못 타는 지경이 되었지만 나는 놀이기구를 아주 잘 타던 아이였다. 하지만 처음부터 잘 타던 것은 아니었다.

놀이기구의 꽃은 올라갔다가 떨어지는 그 짜릿함이겠지만 나는 그 짜릿함을 즐기지 않았다. 공중에 몸이 뜨는 그 기분이 너무 끔찍했기 때문이다. 그래서 처음엔 '범퍼카, 회전목마, 지구마을'같이 땅에 붙어 있는 기구들만 즐겼다.

그런데 내 친구 중 한 아이는 유난히 놀이기구를 잘 탔다. 그녀는 무서운 기구들만 골라서 타고 심지어 연달아 몇 번씩 반복해서 탔다. 나는 어떻게 그게 가능한가 궁금해 그녀에게 물었다. 그녀는 말했다. "멀리 봐!

가까이 보거나 밑을 내려다보면 내가 떨어진다는 생각 때문에 무서워. 그런데 멀리 보면 내가 날고 있다고 상상돼서 전혀 무섭지 않아."

나는 친구의 조언에 따라 롤러코스터에 도전했다. 천천히 오르막을 올라가는 그 순간 내 심장은 터질 것 같고 현기증이 났지만 나도 짜릿함을 즐기고 싶었다. 나는 눈을 뜨고 내 눈 앞에 펼쳐진 풍경을 보려고 노력했다. 나는 날고 있다고 상상했다. 그러자 두려움이 조금씩 사라졌다. 그리고 그 이후 나는 공중에 몸이 뜨는 그 기분을 즐기게 되었다.

나는 우리의 삶도 롤러코스터와 참으로 비슷하다는 생각을 해봤다. 오르막과 내리막이 있고, 눈앞에 있는 것만 보면 두려움이 커지니 말이다. 한 가지 차이가 있다면 삶의 롤러코스터는 정해진 코스만 있는 것이 아니다. 내가 새로운 코스를 짜볼 수도 있다.

리처드 바크의 『갈매기의 꿈』을 아는가? 다른 갈매기들은 모두 먹을 것을 찾기에 여념이 없는데 조나단 리빙스턴은 늘 높이 나는 비행 연습에 전념했다. 부모님은 그런 조나단이 걱정돼 그를 말린다. 그래서 그는 잠깐 다른 갈매기들처럼 먹이를 찾아다녔다. 하지만 그것은 그가 원하는 것이 아니라 생각해 다시 비행 연습을 했다.

결국 그는 누구도 넘볼 수 없는 비행을 하게 되었다. 그러나 그는 결국 무리에서 쫓겨났다. 그는 혼자가 되어서도 꿋꿋이 비행 연습을 계속하면서 새로운 터전을 찾아갔다. 그리고 그곳에서 한계 없는 비행과 사랑의 마음을 배웠다. 그는 자신이 배운 사랑을 삶으로 실천하고자 다른 갈매기들에게 한계 없는 비행을 가르치기 시작했다. 그리고 그의 가르침을 전하는 갈매기가 점점 늘어났다. 그렇게 조나단은 자신뿐 아니라 많은 다른 갈매기들을 새로운 삶으로 이끌었다.

조나단이 다른 갈매기들과 다른 한계 없는 비행을 할 수 있었던 것은 눈앞의 먹이에만 집착하지 않고 더 큰 꿈을 꿨기 때문이다. 자신의 삶에서 이뤄야 할 '단 하나의 것'을 알기에 그는 수많은 어려움을 극복할 수 있었다. 그리고 다른 갈매기들을 도울 수 있었다. 무리에서 쫓겨날 당시엔 그도 매우 괴로웠을 것이다. 하지만 최종적으로 그는 다른 갈매기들이 보지 못한 세상을 보았고 경험했고 나눴다. 그는 자신이 태어난 이유를 알고 실천한 것이다.

우리는 어느 순간 꿈도 희망도 목표도 잃은 채 살게 되었다. 눈앞에 문제만 바라보니 두려움의 감정으로 가득 차 있다. 안타까운 것은 우리의 아이들도 마찬가지다. 아이에게 꿈은 직업이 정해지면 생기는 것이 되었고, 직업이 정해지기 위해 공부해야 한다고 생각한다.

꿈과 목표라는 큰 틀이 정해진 후 그 안을 채워 넣는다는 마음으로 하는 공부가 아니니 즐거울 리 없다. 이 쳇바퀴 같은 삶이 언제 끝날지 막연한 희망을 품을 뿐이다. 그들은 휴대폰과 함께 자신의 방 안에 틀어박힌 순간이 가장 행복하게 되어버렸다. 우리는 이대로 아이들을 둬야 할까?

남편과 내가 멘토로 삼고 있는 억만장자 그랜트 카돈은 그의 저서 『10배의 법칙』에서 이렇게 말한다. "도달할 수 없는 목표를 세우고 그 목표를 매일 적어라."

많은 사람이 새해가 되면 다이어리에 목표를 적지만 일 년에 한두 번 적어 보는 것으로 우리의 생각을 변화시킬 수 없다.

생각이 바뀌어야 삶이 변하기에 생각을 바꾸는 것은 반드시 선행되어야 한다. 그러나 보통 수준의 생각은 보통 수준의 행동으로 이어진다. 보통 수준의 행동은 보통 수준의 삶으로 이어진다.

하지만 우리가 도달할 수 없을 정도의 목표를 매일 적는다면 그 목표에 근접하기 위해 평소보다 더 많이 생각하고 더 많은 행동을 할 수밖에 없다. 그리고 더 많은 생각과 행동은 더 높은 수준의 삶으로 이어지게 된다.

우리는 좀 더 비합리적으로 생각하고 큰 목표를 세워야 한다. 우리의 아이도 더 많이 상상하고 꿈꿀 수 있도록 도와줘야 한다.

우리 모두 이미 튼튼한 두 날개를 갖고 태어났다. 그러나 당신이 그것을 믿지 않는다면 그 날개는 사용될 수 없다. 그래서 우리는 날개가 있음을 먼저 믿어야 한다. 그런 후 우리가 상상할 수 있는 가장 먼 지점을 목표로 날아야 한다. 지금 당장 눈앞에 있는 것들에 급급해 멀리 보지 않으면 우리는 결코 높이 날 수 없다.

처음엔 우리의 날개가 너무 약해 보여 불안할 것이다. 하지만 목적지에 가까워질수록 그것이 더욱 강해지는 것을 느낄 것이다. 그러니 우리의 두 날개가 얼마나 멋진 비행을 할 수 있는지 끊임없이 실험하고 도전하자. 우리에게 유일한 한계는 우리가 마음에 정해둔 것뿐이다.